U0232032

山东省水土保持与环境保育重点实验室基金资助

蒙山沂水的
生态环境与生态文明

高　远　颜景浩　孟庆远 / 著

中国海洋大学出版社
·青岛·

第一章

植物多样性形成与维持机制探究

第一节
区域植物多样性调查

核心素养 🌱

文化基础 / 人文底蕴 / 人文情怀

文化基础 / 科学精神 / 勇于探究

社会参与 / 责任担当 / 社会责任

社会参与 / 实践创新 / 问题解决

学习方式 🌱

查阅信息、交流访问、讨论与展示、野外调查

主要问题 🌱

1. 如何获得选题灵感?

2. 如何开展一项区域植物资源调查研究课题?

3. 你感觉野外调查需要做好哪些准备?

4. 请尝试设计一项区域植物资源调查研究课题。

5. 你有什么收获和体会?

受访嘉宾：林祥宇和李翠萍

林祥宇，男，2010 届课程选修者，主持蒙山植物多样性调查和岱崮地貌植物多样性调查课题，荣获第 23 届和 24 届山东省青少年科技创新大赛一等奖，主持岱崮地貌创新研究新闻发布会，本科自招考入北京科技大学。

李翠萍，女，2010 届课程选修者，主持岱崮地貌植物多样性调查课题，荣获第 24 届山东省青少年科技创新大赛一等奖，主持岱崮地貌创新研究新闻发布会，本科考入天津科技大学。

首先，请简单介绍一下你们的课题选题背景和研究概况？

林祥宇： 2008 年《沂蒙晚报》刊载了几十期有关"沂蒙 72 崮"的专题报道，知道了以前鲜有耳闻的诸多"崮"，感到很神秘。于是就上网查阅了有关资料，结果惊奇地发现这些"崮"竟是被称为中国第五大岩石地貌的"岱崮地貌"，在世界上也极为罕见。然而关于"岱崮地貌"的学术研究尚未见报道，目前仍是一片空白。我们感觉"岱崮地貌"具有很高的考察价值，而它又恰好主要分布在蒙阴、沂南、沂水、平邑等地，研究起来有地利之便，便萌发了利用暑假继续展开考察的念头。

李翠萍： 我们利用 2008 年暑假，采用典型取样法，首次对沂蒙山区崮山组植物多样性进行了重点调查，发现地域性植被多为麻栎林和刺槐林，沂蒙山区植被处于森林演替早期。若保持现状，该区域植被都能朝向阔叶林群落演替。崮形山体比普通山体封闭，易形成或保留珍贵物种，首次发现小片大果麻栎幼林和区域内最大的黄精。建议采用"大崮单围，小崮并围"的方法，保护区域植被；建成岱崮地貌主题公园，用于地质科普研究；发展风景旅游和探险旅游，促进区域经济发展；开发农业旅游项目，提高农民收入。

哪些工作能体现你们的科学态度？

李翠萍： 在野外考察过程中，经常要起早贪黑上山考察。在对岱崮进行考察时，连续两天从西面、南面和北面三个方向都没有登上崮顶，老师说实在不行就在半山腰做一个样方调查吧，而我始终没有放弃，我寻找了一个当地农夫，引导我们从东面迂回攀爬，终于成功登顶，发现了号称亚洲最大的黄精，全株187 cm 高，块茎 4 cm。

在解决问题的过程中你们如何区分"相关证据"和"不相关证据"？ 在你们对一个问题没有把握或不确定时，是否通过试验来得到确切的结论？

林祥宇：在此次研究过程中，样方内植物的种类、胸径和高度均为相关证据，而样方内动物的种类、大小均为不相关证据。

李翠萍：在对崮群进行考察时，感觉抱犊崮的植物多样性应优于岱崮，但是不敢确定。经过数据整理和计算，却发现岱崮的植物多样性竟然明显优于抱犊崮，计算要比感觉准确。

哪些思想观点或发明设计引起你们的注意？关于这些观点和设计你们做了哪些进一步的探究？有过什么令你们兴奋的新奇发现？你们是如何得到它的？你们是否有过或者做过令他人感到新奇的想法或实验？请描述你们的想法或实验以及当时的情形？

林祥宇：纳米材料引起了我的注意。通过查资料知道纳米材料是近些年广泛推广的一种新材料，具有表面与界面效应、小尺寸效应、量子尺寸效应、宏观量子隧道效应等特性。目前，纳米材料的应用很广，涉及医药、家电、电子计算机和电子工业、环境保护、纺织工业和机械工业。但是现在也有很多人借助纳米材料来坑害消费者，例如某些药品用纳米材料来提价，实际产品价值并没有那么多。我们应该正确地利用纳米材料为生活提供便利。

李翠萍：在研究过程中，我发现了很多平时见不到的现象或植物。例如在对吴王崮进行考察的过程中，崮顶的植物种类稀少，但是，在崮顶我却发现了一个很奇怪的麻栎种群。我对它的种群动态很是关心，该种群是增长型还是衰退型的呢？经过测量和整理发现该种群为增长型。

在学校学习课程之外，你们做了些什么工作能显示你的主动性和进取心？你是如何做的？遇到了什么困难？如何解决的？你是否对你的研究工作提前制订计划？你对研究项目整体计划还是具体细节感兴趣？哪些因素影响你安排工作的先后顺序？在研究工作中出现无法预料的情形你是怎么处理的？

林祥宇：由于知识和经验的欠缺，当我进行野外考察时会遇到自己不认识的植物。我便将该种植物的形态特征记下来，并采集标本。回到实验室后查阅资料，进行鉴定。在撰写论文的初期，我对很多专业词汇不是很懂，便去图书馆查阅资料。

李翠萍：刚开始我只是对蒙山的植被分布感兴趣。后来在《沂蒙晚报》看到了几十期的岱崮地貌专题报道，发现这是刚命名的第五大岩石地貌，便对岱崮地貌的植物多样性萌生了浓厚兴趣。在本次研究过程中，野外考察占了大部分时间。因此天气就成了影响我工作的主要因素．有一次本打算去山上进行植物测量，但因为下雨只好作罢，我便利用那一天对数据进行了整理和分析。

你如何评价自己？

林祥宇：热情如火，性格活泼，心理素质好，乐观向上，为人真诚，能吃苦耐劳，有较强的适应能力和自学能力，不易受外界环境的干扰。在学校里，能认真学习文化知识，一直担任学生干部，工作责任心强，有较强的组织能力、领导能力以及较好的团队合作精神。

你们在项目研究中有什么收获和体会？

林祥宇：在论文创作、撰写和修改过程中，我们查阅了众多闻名中外的专家学者的研究论文，尝试了上网查询、检阅书报、登门拜访和收听报告等不同的获取信息渠道，大大拓展了获取新知识和新信息的途径和方法。在这次研究调查中，我们遭遇到了种种困难，但我们永远"不抛弃、不放弃"，以不畏艰难、勇往直前的奋斗精神和顽强作风坚持了下来，这段人生经历必将为以后的工作、学习和生活点亮一盏永不熄灭的导航灯。

李翠萍：在本次课题研究中，我们学到大量知识的同时，更让身心得到强化锻炼——岱崮镇衣食住行的不便，每天起早贪黑地爬上爬下，都没有动摇我们的决心和意志；三次攀登岱崮未果，累得筋疲力尽，咸咸的汗水渗进被荆棘划出血纹的胳膊和脸上，但没有让我们叫苦；在孟良崮，成群的蚊子无情地叮咬我们，直到我们抓破出血……但当我们认识了很多平日见不到的植物，并有幸目睹稀有物种大果麻栎在吴王崮的集群分布，获得号称亚洲最大黄精植株时，我们的心情是激动而满足的。考察途中所有那些坚忍不拔的努力，终于都得到了回报，同时也体会到了科研工作的艰辛。

山东茶山植物群落结构及物种多样性

【摘要】 茶山地处鲁东南地区，为全面了解其植物群落结构及物种多样性，2006 年 7 月和 10 月对茶山植物群落结构及物种多样性进行野外调查，记录到高等植物 32 种，隶属于 90 科 250 属，获得标准样方 11 个，面积 6 600 m^2。样方数据显示，该区域乔木种类匮乏，乔木层平均物种数为 2.55，Shannon-Wiener 指数平均值为 0.48；灌木层平均物种数为 10.55，Shannon-Wiener 指数平均值为 1.68。该区域受人为干扰影响显著，正处于森林群落演替早期，物种多样性偏低。

【关键词】 茶山；物种多样性；群落结构；野外调查

群落结构与物种多样性是衡量地区生物资源丰富度的重要客观指标[1]，研究对象涉及各种植物类型、各种自然区域[2-8]，并形成了相对规范的调查研究程序，如 PKU-PSD 计划[9]。国内外学者多侧重对大型山体或区域进行研究，而关于地带性、地方性小型山体的研究常被忽略。这些周围被农田生态系统环绕的孤岛，往往更能揭示植物入侵的动态复杂性。

山东茶山国家级生态示范建设区成立于 2002 年，以保护森林生态系统为主，目前仅见该区植被的报道[10]，尚未见植物群落结构和物种多样性方面的研究。笔者研究山东茶山植物群落结构及物种多样性，以期为该区植物入侵研究和生物多样性保护与持续利用提供参考。

1 研究区概况

茶山国家级生态示范建设区位于山东临沂城北 25 km 处，面积为 30.7 km²，核心保护区九鼎莲花山景区占地 4.7 km²，位于 35°15′ ～ 35°17′N，118°21′ ～ 118°23′E，主峰尖子山海拔为 225.8 m，森林覆盖率约为 90%。气候为暖温带季风大陆型气候，年平均气温 12.5℃。极端最高气温 40.5℃，极端最低气温 -11.1℃；年平均无霜期 200 d；年内平均日照数 2 400 ～ 2 600 h。年降水量约为 850 mm，其中 75% 左右集中在 7 ～ 8 月。地带性土壤为棕壤。该区域地处山东南部，北纬 35° 线附近，接近亚热带北缘，植物区划为暖温带落叶阔叶林区 [11]。

2 研究方法

2.1 样方设置与野外调查

植物物种综合普查于 2006 年 7 月和 10 月分 2 次进行（图 1）；样方调查于 2006 年 7 月进行。根据群落类型分布，采用典型取样法 [12-13] 进行常规调查，选择的样地林相整齐，能够代表群落的基本特征。共设置样方 11 个，样方大小为 20 m（沿坡向）×30 m（水平向）。调查时记录样方环境信息，数据采用 HOLUXGM-101 型 GPS 采集。

图 1　茶山国家生态示范建设区野外调查

群落层次按乔木层、灌木层和草本层划分，进行分层统计。参照方精云等标准[9]，将胸径≥5 cm的木本植物定义为乔木，将胸径＜5 cm的木本植物定义为灌木。调查乔木种类、数量、高度及胸径；调查灌木种类、数量；调查草本植物种类。物种鉴定在野外进行，参考相关资料[14-15]，并将采集标本送交植物分类学者鉴定确认。

2.2 数据处理与分析

采用多种通用多样性指数[9,16]进行计算分析。为方便与同类研究[12-13,17]比较，笔者所用统计量中重要值以物种数目代替。选用以下4个指数：丰富度指数（S）、Shannon-Wiener多样性指数（H）、Simpson多样性指数（D）、Pielou均匀度指数（E）。

计算公式分别为：$H = -P_i \ln P_i$；$D = 1 - P_i^2$；$E = H/\ln S$。其中，$P_i = N_i / N$，N_i为物种的个体数；N为样方中所有物种数总和，S为样方中的物种数。

3 结果与分析

3.1 植物种类

调查共记录高等植物352种，隶属90科250属。其中，蕨类植物2科3属5种；裸子植物4科7属9种；被子植物84科240属338种。菊科、禾本科、蝶形花科、蔷薇科4科为群落中的优势伴生种，其中菊科44种、禾本科31种、豆科25种、蔷薇科24种。这4科124种植物占到植物总物种数的35.2%。单种科有山茶科、紫葳科、藤黄科、樟科、樟科、金缕梅科等31科，占植物总物种数的8.8%。松科种类稀少，其植株却构成该地区的优势群落。野生植物中，无中国特有科，中国特有属仅有栾树属（*Koelreuteria*）、枳属（*Poncirus*）、地构叶属（*Speranskia*）共3属；山东特有种[18]仅有2种：五莲杨（*Populus wulianensis*）和泰山韭（*Allium taishanense*），其物种特有度不丰富。

3.2 植物群落结构

茶山属于暖温带落叶阔叶林区，地带性植被为黑松人工林及次生杂木林。主要群落为黑松林、黑松－赤松林、黑松－侧柏林、麻栎－黑松林、赤松林、短柄枹栎林。茶山群落层次单一，多为乔—草 2 层；灌木层和藤本层结构简单，一般不单独成层，部分阳坡局部范围内存在白杜群落、黄檀群落、山槐群落。层间植物种类及数量匮乏，主要有南蛇藤、木防己、杠板归、薯蓣等；萝、变色白前、何首乌、菟丝子、茑萝松等较为罕见。

3.2.1 黑松林

乔木层，盖度约为 50%，群落中黑松为优势种，常见伴生种有赤松、侧柏、臭椿等，偶见君迁子、枫杨、白蜡树等；灌木层，盖度约为 30%，群落中荆条为优势种，常见伴生种有黄檀、山槐、野花椒、胡枝子属、野蔷薇、扁担木、麦李、酸枣、构树等，偶见狭叶山胡椒、鸡桑、槲树等；林下草本层，盖度约为 20%，群落中鹅观草、鸭跖草、雀麦、茅莓、茅叶荩草为优势种，常见伴生种有羊须草、堇菜属、酢浆草、商陆等，偶见泰山韭、桔梗、半夏、红柴胡、条叶岩风、糙叶黄耆等。

3.2.2 黑松 - 赤松林

乔木层，盖度约为 80%，群落中黑松为优势种，常见伴生种为赤松、短柄枹栎，偶见侧柏。灌木层，盖度约为 10%，群落中酸枣为优势种，常见伴生种为胡枝子属，偶见鸡桑、白杜；林下草本层，盖度约为 10%，群落中商陆为优势种，常见伴生种为鸭跖草、堇菜属、茅莓，偶见细叶沙参、土麦冬。

3.2.3 黑松 - 侧柏林

乔木层，盖度约为 60%，群落中黑松为优势种，常见伴生种为侧柏，偶见臭椿、构树；灌木层，盖度约为 30%，群落中黄檀为优势种，常见伴生种为胡枝子属、荆条，偶见猫乳、栾树、黄连木、野蔷薇、狭叶山胡椒；林下草本层，盖度约为 10%，群落中商陆为优势种，常见伴生种为鸭跖草、堇菜属、茅莓，偶见细叶沙参、土麦冬。

3.2.4 麻栎 - 黑松林

乔木层，盖度约为 50%，群落中麻栎为优势种，常见伴生种为黑松、赤松，偶见臭椿、栾树；灌木层，盖度约为 30%，群落中短柄枹栎为优势种，常见伴生种为胡枝子属，偶见野蔷薇、狭叶山胡椒；林下草本层，盖度约为 10%，群落中白茅为优势种，常见伴生种为商陆、雀麦、茅莓、鸭跖草，偶见细叶沙参、豆茶决明、北水苦荬。

3.2.5 赤松林

乔木层，盖度约为 40%，群落中赤松为优势种，常见伴生种为黑松，偶见臭椿、楝树；灌木层，盖度约为 40%，群落中荆条为优势种，常见伴生种为胡枝子属、黑松苗、酸枣，偶见山槐、扁担木、构树；林下草本层，盖度约为 10%，群落中鹅观草为优势种，常见伴生种为商陆、雀麦、茅莓，偶见细叶岩风、合萌。

3.2.6 短柄枹栎林

乔木层，盖度约为 50%，群落中短柄木枹栎为优势种，常见伴生种为黑松、臭椿，偶见赤松、侧柏；灌木层，盖度约为 40%，群落中短柄木枹栎幼苗为优势种，常见伴生种为紫穗槐、荆条，偶见扁担木、野蔷薇；林下草本层，盖度约 10%，群落中狼尾草为优势种，常见伴生种为雀麦、茅莓、绵枣，偶见射干。

3.3 植物物种多样性

该区木本植物种类匮乏，物种多样性差异不大。乔木层中，麻栎－黑松林物种多样性最丰富，其次为黑松－赤松林，这是在保证地带性植物发育的情况下补植黑松的结果。而黑松林物种多样性（H 均值为 0.180 4）最差，这是由于栽植的黑松密度过大，其极高的优势度（D 均值为 0.082 2）影响了其他林木的生长，在样方 2、5 中甚至为纯林。

灌木层中，赤松林物种多样性最丰富，其次为黑松－侧柏林，这是由于针叶林群落盖度较低的缘故，适合喜阳性灌木发育。而麻栎－黑松林物种多样性最差，其次为短柄枹栎林，缘于阔叶林群落较高的盖度。

整体上看，茶山植物物种多样性指数：乔木层＜灌木层。乔木层平均物种数为 2.55，Shannon-Wiener 多样性指数均值为 0.48；灌木层平均物种数为 10.55，Shannon-Wiener 多样性指数均值为 1.68。将茶山植物物种多样性与附近山体 [12-13, 17] 比较，可见纬度是影响植物物种多样性的重要指标，茶山植物多样性基本符合山地植物多样性的一般分布规律。调查发现该区林木平均树高为 3～6 m、平均胸径为 10～20 cm、平均树龄为 20～30 年，这 3 项指标均较低。据方精云报道，纬度每增加 1°，物种数约减少 1.2 种。[19] 而乔木层多样性未体现出预期特征。分析认为，该区域为中、幼龄森林，正处于群落演替早期，影响了物种多样性。

4 结论与讨论

（1）茶山野生植物中，无中国特有科，仅有中国特有属 3 属、山东特有种 2 种，其物种特有度不丰富。茶山周围被农田生态系统环绕，且山体小而独立，因此可将其考虑为农田生态系统植物物种及外来物种对山体生态系统反复多次入侵的模型。如凤仙花、鸡冠花等由于人为因素导致物种扩散较为普遍。

（2）茶山木本植物种类较匮乏，为中、幼龄森林，处于森林群落演替早期。整体看来，人为活动对茶山乔木层多样性的影响大于灌木层，因此必须加强林区生态保护及林地管理，并适当限制游客数目及旅游强度。

参考文献

[1] 车秀芬，杨小波，岳平，等 . 铜鼓岭国家级自然保护区植物多样性 [J]. 生物多样性，2006, 14（4）：292-299.

[2] 刘利，张梅 . 鸭绿江流域辽宁段生物多样性及保护研究现状 [J]. 安徽农业科学，2007, 35（2）：497-498.

[3] 茹文明，张金屯，张峰，等 . 历山森林群落物种多样性与群落结构研究 [J]. 应用生态学报，2006, 17（4）：561-566.

[4] Gao J F, Zhang Y X. Distributional patterns of species diversity of main plant communities along altitudinal gradient in secondary forest region, Guandi mountain, China[J]. Journal of Forestry Research, 2006, 17（2）: 111-115.

[5] 欧祖兰，李先琨，苏宗明，等 . 元宝山两类森林群落的乔木物种多样性 [J]. 应用与环境生物学报，2003, 9（6）：563-568.

[6] Jiang M X, Deng H B, Cai Q H. Characteristics, classification and ordination

致谢：野外调查得到陈学刚老师和姚亮同学及茶山林业技术人员的协助，植物鉴定得到侯元同副教授协助，在此表示衷心感谢！

of riparian plant communities in the Three -Gorges areas[J]. Journal of Forestry Research, 2002, 13（2）: 111-114.

[7]　高贤明, 马克平, 陈灵芝. 暖温带若干落叶阔叶林群落物种多样性及其与群落动态的关系 [J]. 植物生态学报, 2001, 25（3）: 283-290.

[8]　岳明, 任毅, 党高弟, 等. 佛坪国家级自然保护区植物群落物种多样性特征 [J]. 生物多样性, 1999, 7（4）: 263-269.

[9]　方精云, 沈泽昊, 唐志尧, 等. 中国山地植物物种多样性调查计划及若干技术规范 [J]. 生物多样性, 2004, 12（1）: 5-9.

[10]　高远, 尤志刚, 朱秀林, 等. 山东茶山高等植物资源及群落结构 [J]. 现代生物医学进展, 2008, 8（2）: 346-350.

[11]　宋楠, 宋亚团, 刘建, 等. 山东省林业生物入侵现状分析及对策建设 [J]. 山东林业科技, 2005, 160（5）: 72-74.

[12]　吴晓莆, 王志恒, 崔海亭, 等. 北京山区栎林的群落结构与物种组成 [J]. 生物多样性, 2004, 12（1）: 155-163.

[13]　王晓鹏, 陈正涛, 高林, 等. 安徽皇甫山黄檀群落物种多样性初步研究 [J]. 生物学杂志, 2005, 22（5）: 33-35.

[14]　李法曾. 山东植物精要 [M]. 北京: 科学出版社, 2004.

[15]　中国科学院中国植物志编辑委员会. 中国植物志 [M]. 北京: 科学出版社, 1999.

[16]　张金屯, 柴宝峰, 邱扬, 等. 晋西吕梁山严村流域撂荒地植物群落演替中的物种多样性变化 [J]. 生物多样性, 2000, 8（4）: 378-384.

[17]　高远, 姚亮, 邱振鲁, 等. 山东五莲山植物群落结构及物种多样性 [J]. 植物研究, 2008, 28（3）: 359-363.

[18]　臧得奎, 孙述涛. 山东植物区系中的特有现象 [J]. 西北植物学报, 2000, 20（3）: 454-460.

[19]　方精云. 探索中国山地植物多样性的分布规律 [J]. 生物多样性, 2004, 12（1）: 1-4.

基于 nrDNA ITS 序列分析蒙山鹅耳枥与鹅耳枥亲缘关系

【摘要】　以采自蒙山的蒙山鹅耳枥和鹅耳枥各 5 株为试验材料，进行核基因组核糖体 DNA（nrDNA）内转录间隔区（ITS）序列检测，并将 ITS 序列导入 NCBI 数据库比对，分析蒙山鹅耳枥和鹅耳枥的亲缘关系。结果显示：① 蒙山鹅耳枥和鹅耳枥 ITS 序列高度相似，601 个碱基序列中只有 1 个碱基差别。② 蒙山鹅耳枥 ITS 序列与 NCBI 数据库中 *Carpinus* sp. Wen 9187（编号 EJ011711729.1）序列相似度为 100%，与同属近缘种鹅耳枥序列相似度为 99%。结论：① 蒙山鹅耳枥是独立物种。② 蒙山鹅耳枥不再属于山东特有物种，分布区除蒙山外韩国也可见其分布。

【关键词】　蒙山鹅耳枥；ITS；*Carpinus* sp.

鹅耳枥属植物为第三纪始新世古老残遗种，在植物系统发育、古植物区系、濒危机制和生物多样性等方面有着较高研究价值。[1-2]陈贝贝等基于 ITS 序列曾分析了天台山 4 种鹅耳枥属植物的进化关系[3]，蒙山鹅耳枥（*Carpinus mengshanensis*）是 1991 年梁书宾和赵法珠[4]发表的新种，已被《山东植物精要》和中国数字植物标本馆收录（图 1），但并未被《中国植物志》收录。

植物中 nrDNA 为高度重复串联序列，由于其转录间隔区 ITS 进化速度快且片段长度不大，以及协调进化的缘故，导致大多数物种中这些重复单元已发生纯合或接近纯合，在植物个体内和群体间均具有高度均质性，因此 nrDNA ITS 已被广泛用于被子植物科内以及属内、种内系统发育关系的研究[5-8]，将具有细胞核遗传特点的 ITS 序列用于鉴定植物物种是进化遗传学研究的热点之一[9-12]。本研究分析了蒙山鹅耳枥和鹅耳枥（*Carpinus turczaninowii*）ITS 序列，以期为蒙山鹅耳枥的鉴定以及与鹅耳枥的亲缘关系研究提供借鉴。

图 1　蒙山鹅耳枥被中国数字植物标本馆收录

1 材料与方法

1.1 样品

试验所用的蒙山鹅耳枥和鹅耳枥的植物材料均取自蒙山，每种均选取 5 株独立植株，植株长势良好且无病虫害，植株间距约 500 m，海拔高度约 800 m，2015 年 10 月选取新鲜枝叶封装后冷冻保存。

1.2 DNA 提取

采用改良的 CTAB 法[13]从蒙山鹅耳枥和鹅耳枥的叶片中提取植物总 DNA。

（1）首先选择有效的植物材料3 g，用液氮研磨成粉，将粉末转移至装有18 mL 65℃预热的2×CTAB缓冲液的50 mL离心管中，混匀。置于65℃水浴90 min，期间不时摇动。

（2）取出离心管，冷却至室温后加入等体积的酚氯仿（苯酚、氯仿、异戊醇的体积比为25∶24∶1），轻轻震荡混匀至少20 min。室温离心6 000 r·min⁻¹，15 min。

（3）将上层水相转移至另一个干净的50 mL离心管中，加入等体积的氯仿、异戊醇（体积比为24∶1）轻轻震荡混匀至少20 min。室温离心6 000 r·min⁻¹，15 min。

（4）同样将上层水相转移至另一个干净的50 mL离心管中，加入等体积的异丙醇，混匀。－20℃放置30 min或更长时间，沉淀DNA。

（5）4℃离心6 000 r·min⁻¹，15 min，小心倒掉上清液，不要把DNA沉淀倒出来。

（6）将DNA转移至1.5 mL的离心管中，用75%的乙醇洗涤重悬沉淀，4℃离心12 000 r·min⁻¹，2 min，倒掉上清。重复2次。

（7）吸净乙醇后，室温晾干DNA沉淀。加入大约500 μL TE缓冲液，溶解DNA。同时加入5 μL RNase A，37℃消化RNA 15 min。

（8）－20℃保存溶解后的DNA，备用。

1.3 PCR

1.3.1 引物设计

ITS P1：5′-AACAAGGTTTCCGTAGGTGA-3′

ITS P2：5′-TATGCTTAAATTCAGCGGGT-3′

1.3.2 PCR反应休系（50 μL）

ddH₂O，32 μL；10×KOD缓冲液，5 μL；MgSO₄（25 mmol·L⁻¹），3 μL；dNTPs（2 mmol·L⁻¹），5 μL；正向引物（10 μmol·L⁻¹），1 μL；反向引物（10 μmol·L⁻¹），1 μL；KOD plus（5 U/μL），1 μL；模板DNA，2 μL。

1.3.3 PCR反应程序

94℃，2 min；98℃，10 s；55℃，30 s；68℃，1 min；扩增循环数：32；

68℃，10 min；4℃，保存。

1.3.4 DNA 回收

（1）在紫外灯下，将含有目的 DNA 片段的琼脂糖凝胶切下，放进 1.5 mL 离心管，估算切下的凝胶块重量。

（2）加入 3 倍胶体积的 DE-A 溶液，混合后在 75℃加热，每隔几分钟颠倒混匀，直到凝胶完全融化（约 10 min）。

（3）加 0.5 个 DE-A 溶液体积的 DE-B 溶液，混合均匀。

（4）吸取上一步中得到的混合溶液转移到 DNA 制备管中，12 000 r · min^{-1} 离心 1 min，弃滤液。

（5）将制备管放回 2.0 mL 离心管中，加 500 μL W1 溶液，12 000 r · min^{-1} 离心 1 min，弃滤液。

（6）将制备管放回 2.0 mL 离心管中，加 700 μL W2 溶液，12 000 r · min^{-1} 离心 1 min，弃滤液。重复 1 次。

（7）将制备管放回 2.0 mL 离心管中，12 000 r · min^{-1} 离心 1 min。

（8）将制备管放到新的 1.5 mL 离心管中，在制备膜上加 30 μL ddH$_2$O，室温静止 1 min，12 000 r · min^{-1} 离心 1 min 洗脱 DNA。

1.4 测序

DNA 片段回收以后直接送到 Invitrogen 公司测序，测序引物为：

ITS P1：5′-AACAAGGTTTCCGTAGGTGA-3′；

ITS P2：5′-TATGCTTAAATTCAGCGGGT-3′。

1.5 主要仪器设备

NanoDrop 2000 分光光度计（Thermo Fisher，USA）、C1000 Thermal Cycler 基因扩增仪（BIO-RAD）、Sub-Cell GT cell 核酸电泳槽（BIO-RAD）、DYY-7C 型稳压稳流电泳仪、Molecular Imager 凝胶成像系统 （BIO-RAD）、CENTRIFU GE 5810R 高速冷冻离心机（Eppendorf）、CENTRIFU GE 5417R 高速冷冻离心机（Eppendorf），Thermo Scientific Legend Micro 17 微量台式离心机。

2 结果与分析

2.1 ITS 序列

2.1.1 鹅耳枥 ITS 序列

CGAAGCCTGCCCAGCAGAACGACCCGCGAACTTGTATAAACAACCGGGGGC
AGGGGGCGATCTCGCCCCGTGCCCTCGAACGGCAGGGAGACACTCGTGCCTTCTT
GTCGAACAACGAACCCCGGCGCGGTCTGCGCCAAGGAACTTCAATTAAAGAGTG
CCTCCGGTCGCCTCGGAAACGTGCGCGTGTCGGAGGCGAATCTTGTACAAAACCA
TAACGACTCTCGGCAACGGATATCTCGGCTCTCGCATCGATGAAGAACGTAGCGAA
ATGCGATACTTGGTGTGAATTGCAGAATCCCGCGAATCATCGAGTCTTTGAACGCA
AGTTGCGCCCGAAGCCATCTGGTCGAGGGCACGTCTGCCTGGGTGTCACGCATCG
TCGCCCCCAACCCCATCGCCTCTCCAAGAGACGAGGGCAGTTTGCGGGGCGGACA
TTGGCCTCCCGTGAGCTTCCACTTGCGGTTGGCCTAAAAGCGAGTCCTAGGCGAC
GAGCGCCACGACAATCGGTGGTTGCCAAAACCCTCGTGTCCCGTCGTGCGTGCCT
CGTTGCCCATCCTGTGCTCTGTGACCCTATAGCGTCGCGATCGCGACTCTTCCA

2.1.2 蒙山鹅耳枥 ITS 序列

CGAAGCCTGCCCAGCAGAACGACCCGCGAACTTGTATAAACAACCGGGGGC
AGGGGGCGATCTCGCCCCGTGCCCTCGAACGGCAGGGAGACACTCGTGCCTTCTT
GTCGAACAACGAACCCCGGCGCGGTCTGCGCCAAGGAACTTCAATTAAAGAGTG
CCTCCGGTCGCCTCGGAAACGTGCGCGTGTCGGAGGCGAATCTTGTACAAAACCA
TAACGACTCTCGGCAACGGATATCTCGGCTCTCGCATCGATGAAGAACGTAGCGAA
ATGCGATACTTGGTGTGAATTGCAGAATCCCGCGAATCATCGAGTCTTTGAACGCA
AGTTGCGCCCGAAGCCATCTGGTCGAGGGCACGTCTGCCTGGGTGTCACGCATCG
TCGCCCCCAACCCCATCGCCTCTCCAAGAGACGAGGGCAGTTTGCGGGGCGGACA
TTGGCCTCCCGTGAGCTTCCACTTGCGGTTGGCCTAAAAGCGAGTCCTAGGCGAC
GAGCGCCACGACAATCGGTGGTTGCCAAAACCCTCGTGTCCCGTCGTGCGTGCCT
CGTTGCTCATCCTGTGCTCTGTGACCCTATAGCGTCGCGATCGCGACTCTTCCA

我们将采集的野外鹅耳枥与蒙山鹅耳枥样品通过 DNA 提取、PCR、DNA
回收和 DNA 测序，实测鹅耳枥与蒙山鹅耳枥 ITS 序列均为 601 个碱基序列，两者间有 1 个碱基差别。

2.1.3 蒙山鹅耳枥 ITS 与 NCBI 数据库比对结果

我们将实测蒙山鹅耳枥 ITS 序列导入 NCBI 数据库，进行比对，结果显示蒙山鹅耳枥 ITS 序列与 *Carpinus* sp. Wen 9187（编号 EJ011711729.1）序列相似度为 100%，与同属近缘种鹅耳枥序列相似度为 99%。

3 结论与讨论

本研究以采自蒙山的两种鹅耳枥属植物鹅耳枥和蒙山鹅耳枥为材料，克隆到了各自的 ITS 序列，尽管两种植物都来自 5 个不同样点，但每种植物来自各样点的 ITS 序列完全相同，这表明了同一物种在地理分布与亲缘关系的一致性。

鹅耳枥与蒙山鹅耳枥 ITS 测序结果显示，两物种 ITS 序列高度相似，601 个碱基序列中只有 1 个碱基差别。将蒙山鹅耳枥 ITS 序列导入 NCBI 数据库，比对后发现，蒙山鹅耳枥 ITS 序列与 *Carpinus* sp. Wen 9187（编号 EJ011711729.1）序列相似度为 100%，与同属近缘种鹅耳枥序列相似度为 99%。蒙山鹅耳枥是独立物种，建议《中国植物志》以及电子数据库承认其新种地位并进行收录。蒙山鹅耳枥的分布区 [4,14] 不仅限于蒙山，韩国也可见其分布，表明其不属山东特有物种 [15]。

参考文献

[1] 王昌腾，叶春林. 浙江省特有野生珍贵植物濒危原因及保护对策 [J]. 福建林业科技，2007, 34（2）：202-204.

[2] 祝遵凌，金建邦. 鹅耳枥属植物研究进展 [J]. 林业科技开发，2013, 27（3）：10-14.

[3] 陈贝贝，李温平，周晶，等. 天台山 4 种鹅耳枥属植物 ITS 序列的克隆与分析 [J]. 浙江农业学报，2011, 23（6）：1107-1112.

[4] 梁书宾，赵法珠. 山东鹅耳枥属一新种 [J]. 植物研究，1991, 11（2）：33-34.

[5] 赵志礼，徐洛珊，董辉，等. 核糖体 DNA ITS 区序列在植物分子系统学研究中

的价值 [J]. 植物资源与环境学报 , 2000, 9（2）: 40-44.

[6]　薛华杰 , 王年鹤 , 陆长梅 , 等 . 基于 ITS 序列探讨法落海的系统分类学地位 [J]. 武汉植物学研究 , 2007, 25（2）: 143-148.

[7]　Li J H. Sequences of low-copy nuclear gene support the monophyly of *Ostrya* and paraphyly of *Carpinus*（Betulaceae）[J]. Journal of Systematics and sevolution, 2008, 46（3）: 333-340.

[8]　尤欢 , 周阿涛 , 岳亮亮 , 等 . 山茶属植物 ITS 的扩增及其序列特征分析 [J]. 植物研究 , 2014. 34（3）: 403-408.

[9]　Yoo K O, Wen J. Phylogeny of *Carpinus* and subfamily Coryloideae（Betulaceae）based on chloroplast and nuclear ribosomal sequence data[J]. Plant Systematics and Evolution, 2007, 267: 25-35.

[10]　王川易 , 郭宝林 . 植物核基因组核糖体基因间隔区序列的结构特点及其在系统发育研究中的应用 [J]. 武汉植物学研究 , 2008, 26（4）: 417-423.

[11]　赵大鹏 , 王康满 , 侯元同 . 基于叶绿体 trnL-F, rbcL 序列和核核糖体 ITS 序列探讨蓼属（蓼科）头状蓼组的系统发育 [J]. 植物研究 , 2012, 32（1）: 77-83.

[12]　傅建敏 , 梁晋军 , 乌云塔娜 , 等 . 基于叶绿体 DNA *ndh*A 和 nrDNA ITS 序列变异分析栽培柿及其近缘种亲缘关系 [J]. 植物研究 , 2015, 35（4）: 515-520.

[13]　Doyle J J. A rapid DNA isolation procedure for small quantities of fresh leaf tissue[J]. Phytochemical Bulletin, 1986, 19: 11-15.

[14]　高远 , 朱孔山 , 郝加琛 , 等 . 山东蒙山 6 种造林树种 40 余年成林效果评价 [J]. 植物生态学报 , 2013, 37（8）: 728-738.

[15]　臧得奎 , 孙述涛 . 山东植物区系中的特有现象 [J]. 西北植物学报 , 2000, 20(3): 454-460.

第二节
植物多样性对地形格局的响应研究

核心素养 🌿

文化基础 / 人文底蕴 / 人文情怀

文化基础 / 科学精神 / 勇于探究

社会参与 / 责任担当 / 社会责任

社会参与 / 实践创新 / 问题解决

学习方式 🌿

查阅信息、交流访问、讨论与展示、野外调查

主要问题 🌿

1. 如何获得选题灵感？

2. 如何开展一项植物多样性对山坡地形格局的响应研究课题？

3. 你感觉野外调查需要做好哪些准备？

4. 请尝试设计一项植物多样性对山坡地形格局的响应研究课题。

5. 你有什么收获和体会？

受访嘉宾：张振、董恒和刘畅

张振，男，2009 届课程选修者，主持蒙山植物多样性的海拔梯度格局研究课题，荣获第 23 届山东省青少年科技创新大赛一等奖，本科考入山东大学威海分校。

董恒，男，2011 届课程选修者，主持塔山植被恢复和蒙山植物多样性的山坡地形格局研究课题，荣获第 25 届和第 26 届山东省青少年科技创新大赛二等奖，主持塔山植被恢复创新研究新闻发布会，本科考入东北林业大学，研究生保送至复旦大学。

刘畅，女，2012 届课程选修者，主持蒙山植物多样性的山坡地形格局研究课题，荣获第 26 届山东省青少年科技创新大赛二等奖，本科考入南京工程大学。

首先请简单介绍一下你们的课题选题背景？

张振：在 2007 年五一黄金周外出旅游途中，我们来到了蒙山国家森林公园，在被优美景色吸引的同时，注意到山上各种植物随海拔高度变化而出现差异。我们感觉这很有趣。通过上网查阅资料，我们惊奇地发现"生物多样性沿海拔梯度的变化规律"是一个重要议题，这大大激发了我们对此进行深入研究的好奇心和热情。

刘畅：2010 年 3 月，我有幸受邀参加了塔山植被恢复新闻发布会，被山地植被方向的课题研究深深吸引。通过上网查询，发现退化山地的植被恢复是全球热点议题。以此联想到蒙山的植被恢复与重建，确定了选题。而本身作为沂蒙儿女，自然是热爱蒙山，喜欢登山。在很多次、很多年的爬山过程中，也一直关注着蒙山环境情况的变化，有让人欣喜之处也有令人担忧之处。我想到作为新生代的中学生应该用我们的创造性新思维，来为我们家乡的健康长青贡献微薄之力，也为我们祖国的环保事业再添新活力！

请介绍一下你们的研究概况？

张振：2007 年 7 月，我们采用典型取样法，沿海拔梯度对蒙山自然植被进行调查，发现本区域地带性植被为麻栎林，主要植被类型为麻栎群落、赤松群落、油松群落、日本落叶松群落、黑松群落和刺槐－麻栎群落，麻栎群落略占优势，已具备继续向温带落叶阔叶林演替的条件基础。蒙山各层次植物物种丰富度呈现出草本层＞灌木层＞乔木层特征，Shannon-Wiener 多样性指数和 Simpson 多样性指数整体规律为灌木层＞草本层＞乔木层。以蒙山森林群落不同层次的各种物种多样性指数和森林群落总体重要值为测度指标，均判断蒙山植被演替正处于亚顶极群落阶段。蒙山植物多样性沿海拔梯度呈现出近似中海拔高的单峰格局，这除受温度、湿度、人为干扰与面积外，蒙山植被亚顶极群落演替现状与所调查区域仅有 800 m 的海拔梯度也是重要影响因素。

你们是怎么开展调查研究工作的？

刘畅： 主要对分布在蒙阴、平阴、费县、沂南境内的蒙山进行植被考察。以蒙阴县桃花源村为大本营，受到了桃花源村支部石书记的热情接待与大力支持，为我们提供了舒适的居住环境和合理的路程指导。期间也得到了塔山林场林业技术人员的指引和帮助。野外植物物种鉴定由曲阜师范大学生命科学院陈玉峰和郝加琛老师指导完成。项目后期的数据与论文处理，主要在临沂市科学探索实验室完成，他们教会我科学研究的基本方法和数据处理方法，并帮助我不断修改和完善思路。在考察期所用到的 GPS 定位仪、森林罗盘、坡度仪、海拔仪等，均由临沂市科学探索实验室提供，并为后期整理制作标本、讨论思路、撰写论文、修改论文等提供了充足的空间和网络资源。

你们的调查研究有什么现实意义？

董恒： 我们对蒙山暖温带植被的恢复与重建提出了合理具体的方法建议。对于当地林业部门的计划决策提供了参照，更为临沂人民的红色母亲山的重换新颜贡献了力量。由于退化森林的植被恢复与重建一直是全球性议题，所以希望能将我的项目的地域范围扩大，将全国的森林恢复与重建作为总领的全国性议题，各地方联动起来，根据地域特色做出研究报告，并在统一部署下，真正将报告进行实践，真正将科技的力量运用到现实生活中，造福于人类！

哪些思想观点或发明设计引起你的注意？你为此做了哪些进一步的探究？在学校学习课程之外，你做了些什么工作能显示你的主动性和进取心？你是如何做的？遇到过什么困难？如何解决的？

张振：学生时代，学无止境，我们要有积极的主动性和强烈的进取心。在学习课程之余，我经常会到校图书馆浏览科普图书，丰富知识体系，我总会把这些有用的知识摘录到我的专用笔记本上。遇到不理解的问题，先照实抄录下来，然后通过上网查阅资料来实现自主探究。如果仍无法解决就去找老师，从而达到融会贯通。

你们在项目研究中有什么收获和体会？

张振：在野外考察和采集标本的鉴定过程中，我们学会了谨慎和冷静，每一丝每一毫的粗心大意都会使得鉴定结果大相径庭，真可谓"差之毫厘，谬以千里"。在对得到的各种数据进行处理过程中，我们学会了耐心和坚持，烦琐的数据记录和输入以及枯燥的数据运算和处理没能阻止住我们前进的脚步，相反却为以后的学习和研究奠定了良好的心理基础。

董恒：通过进行这个项目，我收获的是解决问题和分析问题的能力，收获的是丰富自我的人生经历，收获的也是一种乐观的心态。在酷暑下进山考察，踏着热土不断向着山顶攀登，再累再渴也得坚持，再苦再热也要有搞科研的乐观精神。一个月的野外考察使我收获的是影响一生的经历，学会的是不怕苦的乐观主义精神。在解决科学问题时，我更多的是在老师们身上学到了对待问题严谨的态度、对复杂问题简单化的把握。在经历较长周期的科研活动后，对于自身真正感触总结到的，便是做任何事情都必须有持之以恒的精神作为自己最为强大的支撑！

蒙山沟谷次生林群落结构和物种多样性

【摘要】 选取蒙山典型沟谷次生林，设置 16 个样方，分析群落结构和物种多样性。结果表明：① 蒙山沟谷次生林群落至少包括乔木层植物 28 种、灌木层植物 39 种和草本层植物 49 种，乔木、灌木和草本 3 种植物类型的个体密度分别为 1 425 株 / 公顷、8 892 株 / 公顷和 11.73 株 / 平方米。28 种乔木根据径级结构划分为 12 种扩展种、2 种隐退种，6 种稳定侵入种和 8 种随机隐退种。② 蒙山沟谷次生林主要乔木种群径级类型为两种：栓皮栎、麻栎、黄檀、榆树、朴树、君迁子和小叶朴为增长型，黑松和赤松为稳定型。③ 蒙山沟谷次生林物种丰富度指数、Shannon-Wiener 多样性指数和 Simpson 多样性指数从高到低均呈现为灌木层＞乔木层＞草本层，而 Pielou 均匀度指数则呈现为草本层＞灌木层＞乔木层。

【关键词】 蒙山；沟谷；次生林；种群特征；群落组成；物种多样性

植物群落的组成与结构是生态系统功能和过程的基础，可为进一步揭示群落的生态学基础机制提供重要的信息。[1-2] 物种多样性是生物多样性在物种水平上的表现形式，是生物多样性最基础和最关键的层次。[3] 物种多样性能够体现植物群落的结构类型、稳定程度、组织水平及生境异质性，是群落结构的重要特征。[4] 植被恢复过程中物种多样性的变化反映了植被的恢复程度，同时也是群落环境演变、种群侵入与扩散、竞争作用等生态过程共同作用的结果。[3] 山地沟谷分布特殊，沿起伏的山峦底部间断做廊状延伸，由于其特殊的侵蚀环境、地形因素和水热条件，常兼具地带性植被的演替特征和小环境下的群落特点。[5] 国内学者从 20 世纪 80 年代开始关注山地沟谷群落，早年主要报道了昆明沟谷常绿阔叶林 [5]、罗甸南亚热带沟谷季雨林 [6]、佼木溪沟谷植物群落 [7] 和太行山沟谷杂木林 [8]，近年来关注了丹霞地貌沟谷植物群落 [9]、黄土丘陵区沟谷植物群落 [3] 和井冈山沟谷季雨林 [10]。

目前，次生林和人工林已成为中国森林资源的主体，其结构研究受到了越来越多的重视。[4] 蒙山地处暖温带南部的山东山地丘陵区域，面积 1 125 km²，曾经长期受人为破坏而形成荒山，现存植被多是经过几十年封山育林和人工造林的次生森林植被。[11] 已有学者就蒙山种子植物区系 [12] 和人工林植物多样性 [11,13-14] 开展了研究，但尚未见关于蒙山沟谷次生林植物群落的报道。本研究基于对蒙山典型沟谷次生林开展的 16 个样方调查，从种群特征、群落组成和物种多样性三方面，分析研究沟谷次生林群落，以期为沂蒙山区乃至北方土石山提供科学依据和数据参考。

1 研究区概况

蒙山位于山东南部，地理坐标为 35°10′ ～ 36°00′N，117°35′ ～ 118°20′ E，面积 1 125 km²，主峰海拔 1 156 m，为山东第二高峰。山体表面主要为片麻岩和花岗片麻岩，山脚有石灰岩覆盖，土壤类型以中性至微酸性棕壤为主。气候属暖温带大陆性季风气候，四季分明，光照充足，年平均气温 13.4℃，年均降水 900 mm。蒙山属国家森林公园、国家地质公园、省级重点风景名胜区和国家 5A 级旅游景区。森林覆盖率约 95%，主要植被为黑松（*Pinus thunbergii*）林、赤松（*P. densiflora*）林、油松（*P. tabuliformis*）林、刺槐（*Robinia pseudoacacia*）林和栓皮栎（*Quercus variabilis*）林 [11,13-14]。

2 研究方法

2.1 野外调查

本次所调查的沟谷为中龄林，均远离人为干扰，植物群落处于自然生长和演替状态。采用典型取样法进行林内植物调查，共设置样方 16 个，样方规格为 20 m×30 m。植物物种多样性调查按乔木层、灌木层和草本层来划分，分层统计规格为：乔木层，20 m×30 m，1个；灌木层，10 m×10 m，1个；草本层，1 m×1 m，4个。乔木层测量记录所有胸径（DBH）≥ 5 cm的木本植物种类、个体数量与每木胸径；灌木层测量记录所有胸径 < 5 cm的木本植物种类、个体数量与每木胸径（高度 < 1.3 m的木本植物实测基径）；草本层测量记录所有草本植物种类、个体数量与每草高度 [15-16]。乔木种群特征和径级结构分析，依托样方内所有木本植物的种类和胸径（高度 < 1.3 m的木本植物实测基径）的测量数据，包括幼苗和幼树，样方规格为 20 m×30 m。

2.2 数据分析

根据判断乔木发展类型的需要 [17]，采用径级结构代替龄级结构分析种群格局动态 [18]。① 径级结构划分为 4 级：DBH < 2.5 cm，为Ⅰ级；2.5 cm ≤ DBH < 7.5 cm，为Ⅱ级；7.5 cm ≤ DBH < 22.5 cm，为Ⅲ级；DBH ≥ 22.5 cm，为Ⅳ级。各径级数量较多且呈连续递减分布（Ⅰ＋Ⅱ＞Ⅳ或Ⅰ＋Ⅱ＞Ⅲ），定为扩展种；各径级数量较多且呈连续递增分布（Ⅳ＞Ⅰ＋Ⅱ或Ⅲ＞Ⅰ＋Ⅱ），定为隐退种；Ⅰ级或Ⅱ级植株数量较多（Ⅰ＞Ⅱ），不见Ⅲ级和Ⅳ级，定为稳定侵入种；Ⅰ级或Ⅱ级植株以少量或单株存在，不见Ⅲ级和Ⅳ级，定为随机侵入种 [11,17-18]；Ⅲ级或Ⅳ级植株以少量或单株存在，不见Ⅰ级和Ⅱ级，定为随机隐退种。② 制作沟谷次生林主要乔木种群径级结构图：DBH < 2.5 cm 为Ⅰ级，2.5 cm ≤ DBH < 7.5 cm 为Ⅱ级，7.5 cm ≤ DBH < 12.5 cm 为Ⅲ级，直至 DBH ≥ 42.5 cm 为Ⅸ级。

植物物种多样性的分析与测定采用通用指数 [15-16,19]：物种丰富度指数（S）、Shannon-Wiener 多样性指数（H）、Simpson 多样性指数（D）和 Pielou 均匀度指数（E）。

S= 样方内的植物种数目；$H = -\sum_{i=1}^{s}(P_i \ln P_i)$；$D = 1 - \sum_{i=1}^{s} P_i^2$；
$E = H / \ln S$

P_i 为样方内第 i 物种重要值占总重要值的比例，乔木层和灌木层重要值 =（相对显著度＋相对密度＋相对频度）/3，草本层重要值 =（相对高度＋相对密度＋相对频度）/3。统计分析采用 SPSS 17.0 中文版。

3 结果与分析

3.1 群落结构与物种组成

物种组成是植物群落最基本的特征，形成并决定群落的垂直结构和水平结构。[20]蒙山沟谷次生林群落至少包括乔木层植物 28 种、灌木层植物 39 种和草本层植物 49 种，乔木、灌木和草本 3 种植物类型的个体密度分别为 1 425 株 / 公顷、8 892 株 / 公顷和 11.73 株 / 平方米。

乔木层中，黑松、栓皮栎、麻栎（*Quercus acutissima*）和赤松为优势种；黄檀（*Dalbergia hupeana*）、朴树（*Celtis sinensis*）、槲树（*Quercus dentata*）、君迁子（*Diospyros lotus*）、小叶朴（*Celtis koraiensis*）、山合欢（*Albizia kalkora*）和日本桤木（*Alnus japonica*）为常见种；一球悬铃木（*Platanus occidentalis*）、花曲柳（*Fraxinus rhynchophylla*）、青桐（*Firmiana simplex*）、枫杨（*Pterocarya stenoptera*）、毛白杨（*Populus tomentosa*）、乌桕（*Sapium sebiferum*）、槲栎（*Quercus aliena*）和三桠乌药（*Lauraceae obtusiloba*）为稀有种；楝树（*Melia azedarach*）、黄连木（*Pistacia chinensis*）、毛叶山樱花（*Cerasus serrulata* var. *pubescens*）、大叶朴（*Celtis koraiensis*）、豆梨（*Pyrus calleryana*）、鹅耳枥（*Carpinus turczaninowii*）、盐肤木（*Rhus chinensis*）、桃（*Amygdalus persica*）、卫矛（*Euonymus alatus*）为罕见种（见表 1）。

灌木层中，荆条（*Vitex negundo* var. *heterophylla*）、栓皮栎、扁担木（*Grewia biloba*）、麻栎、朴树和小叶朴为优势种；黄檀、刺槐、君迁子、连翘（*Forsythia suspensa*）和槲树为局部优势种，黑松、山合欢、花曲柳、麦李（*Cerasus glandulosa*）、刺苞南蛇藤（*Celastrus flagellaris*）、酸枣（*Ziziphus jujube* var. *spinosa*）、臭椿（*Ailanthus altissima*）、毛白杨、紫穗槐（*Amorpha fruticosa*）、鹅耳枥、大叶朴、大花溲疏（*Deutzia grandiflora*）、盐肤木和黄连木为常见种；多花胡枝子（*Lespedeza floribunda*）、扶芳藤（*Euonymus fortunei*）、兴安胡枝子（*Lespedeza daurica*）、牛奶子（*Elaeagnus umbellate*）、桃、葎叶蛇葡萄（*Ampelopsis humulifolia*）和柿树（*Diospyros kaki*）为稀有种；三桠乌药、山葡萄（*Vitis amurensis*）、卫矛、豆梨、蘡薁（*Vitis bryoniifolia*）、桑叶葡萄（*Vitis ficifolia*）和赤松为罕见种。

草本层中，求米草（*Oplismenus undulatifolius*）、酢浆草（*Oxalis corniculata*）

和鸭跖草（*Commelina communis*）为优势种；薯蓣（*Dioscorea polystachya*）、鬼针草（*Bidens pilosa*）、透骨草（*Phryma leptostachya*）和狭叶珍珠菜（*Lysimachia pentapetala*）为局部优势种；绵毛马兜铃（*Aristolochia mollissima*）、委陵菊（*Dendranthema potentilloides*）、狗尾草（*Setaria viridis*）、变色白前（*Cynanchum versicolor*）、黄瓜菜（*Paraixeris denticulata*）、木防己（*Cocculus orbiculatus*）、半夏（*Pinellia ternata*）、乳浆大戟（*Euphorbia Esula*）、早开堇菜（*Viola prionantha*）和长蕊石头花（*Gypsophila oldhamiana*）为常见种；中华卷柏（*Selaginella sinensis*）、唐松草（*Thalictrum aquilegifolium*）、蹄盖蕨（*Athyrium filix-femina*）、地榆（*Sanguisorba officinalis*）、垂序商陆（*Phytolacca Americana*）、石竹（*Dianthus chinensis*）、马兰（*Kalimeris indica*）、费菜（*Sedum aizoon*）、北京隐子草（*Cleistogenes hanceii*）、白莲蒿（*Artemisia sacrorum*）、紫花地丁（*Viola philippica*）、一年蓬（*Erigeron annuus*）、石沙参（*Adenophora polyantha*）、山东茜草（*Rubia truppeliana*）、野韭（*Allium ramosum*）和蕨（*Pteridium aquilinum*）为稀有种；野艾（*Artemisia argyi*）、球果堇菜（*Viola collina*）、黄花菜（*Hemerocallis citrina*）、白首乌（*Cynanchum bungei*）、多裂翅果菊（*Pterocypsela laciniata*）、多苞斑种草（*Bothriospermum secundum*）、抱茎小苦荬（*Ixeridium sonchifolia*）、白英（*Solanum lyratum*）、菝葜（*Smilax china*）、杏叶沙参（*Adenophora hunanensis*）、绵枣儿（*Scilla scilloides*）、龙牙草（*Agrimonia pilosa*）、宽蕊地榆（*Sanguisorba applanata*）、光果田麻（*Corchoropsis crenata* var. *hupehensis*）、丹参（*Salvia miltiorrhiza*）和北马兜铃（*Aristolochia contorta*）为罕见种。

3.2 径级结构与乔木物种类型

（1）扩展种：栓皮栎、麻栎、黄檀、槲树、朴树、君迁子、山合欢、花曲柳、小叶朴、毛白杨、黄连木和大叶朴，共12种（表1），其中毛白杨为伴人植物逸散，其余11种均为蒙山森林地带性乡土植物。

（2）隐退种：黑松和赤松，共2种（表1），均为蒙山森林先锋物种。

（3）稳定侵入种：三桠乌药、豆梨、鹅耳枥、盐肤木、桃和卫矛，共6种（表1），其中桃为伴人植物逸散，其余5种均为蒙山森林地带性乡土植物。

（4）随机侵入种：无（表1）。

（5）随机隐退种：青桐、日本桤木、一球悬铃木、枫杨、乌桕、榔榆、楝树和毛叶山樱花，共8种（表1），其中青桐和一球悬铃木为伴人植物逸散，其余6种均为蒙山森林地带性乡土植物。

表1　蒙山沟谷次生林乔木平均胸径、重要值和径级分布

乔木种类	胸径/cm	重要值	Ⅰ级	Ⅱ级	Ⅲ级	Ⅳ级
黑松	14.52	0.321 8	28	103	315	65
栓皮栎	11.94	0.184 9	405	138	188	18
赤松	16.53	0.145 3	0	19	103	41
麻栎	9.67	0.124 7	181	131	184	5
黄檀	8.28	0.031 0	83	22	18	0
槲树	19	0.029 1	56	4	20	0
朴树	7.93	0.026 8	150	30	15	0
君迁子	8.5	0.022 9	65	15	6	0
山合欢	6.17	0.013 8	32	12	1	0
花曲柳	7.63	0.008 7	33	1	3	0
青桐	10.33	0.008 5	0	0	3	0
一球悬铃木	21.5	0.007 4	0	0	3	1
小叶朴	7.59	0.007 2	12	4	7	0
日本桤木	10.67	0.006 1	0	1	5	0
枫杨	27	0.005 5	0	0	1	1
毛白杨	23.5	0.005 5	22	2	0	2
槲栎	12.65	0.005 1	0	0	1	1
乌桕	18.5	0.005 0	0	0	2	0
三桠乌药	5	0.004 3	7	2	0	0
楝树	11	0.004 1	0	0	1	0
黄连木	10	0.004 1	10	0	1	0
毛叶山樱花	10	0.004 1	0	0	1	0
大叶朴	9	0.004 0	13	0	1	0

续表

乔木种类	胸径 /cm	重要值	Ⅰ级	Ⅱ级	Ⅲ级	Ⅳ级
豆梨	7	0.004 0	3	1	0	0
鹅耳枥	7	0.004 0	13	4	0	0
盐肤木	7	0.004 0	11	1	0	0
桃	5	0.004 0	8	2	0	0
卫矛	5	0.004 0	4	1	0	0
总数 / 平均	13.15	1	1 136	493	879	134

3.3 主要乔木的径级结构图

蒙山沟谷次生林群落的主要乔木种群的径级结构图呈现为两种特征：栓皮栎种群、麻栎种群、黄檀种群、槲树种群、朴树种群、君迁子种群和小叶朴种群，DBH 等级呈明显 L 形（图 1），Ⅰ级幼苗和Ⅱ级幼树充沛，为显著增长型；黑松种群和赤松种群 DBH 等级呈钟形，为稳定型，但其Ⅰ级幼苗的稀缺将会带来更新困难的潜在风险（图 1）。蒙山沟谷次生林群落 DBH 等级整体上呈现为清晰的 L 形（图 1），Ⅰ级幼苗和Ⅱ级幼树充沛，为增长型群落。

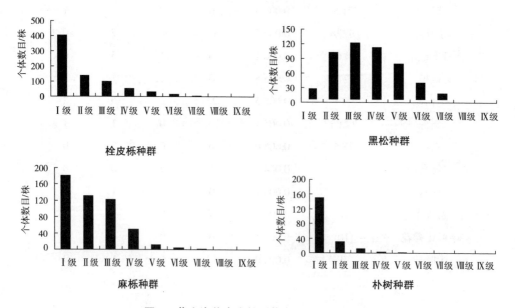

图 1　蒙山沟谷次生林群落主要乔木径级分布

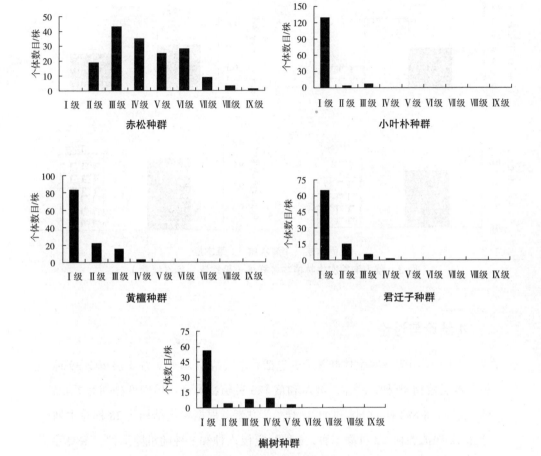

图 1　蒙山沟谷次生林群落主要乔木径级分布（续）

3.4 群落的物种多样性

蒙山沟谷次生林群落的物种丰富度指数、Shannon-Wiener 多样性指数和 Simpson 多样性指数从高到低均呈现为灌木层＞乔木层＞草本层（$p<0.01$），而 Pielou 均匀度指数则呈现为草本层＞灌木层＞乔木层（图 2）。

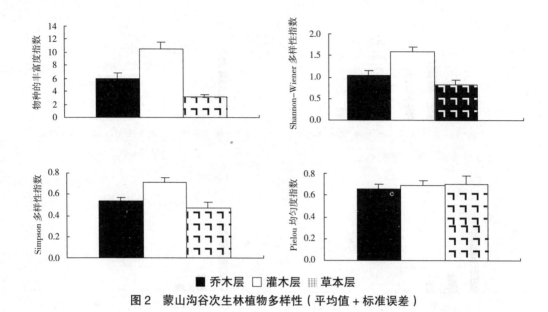

图 2　蒙山沟谷次生林植物多样性（平均值 + 标准误差）

4 结论与讨论

（1）蒙山沟谷次生林群落至少包括乔木层植物 28 种、灌木层植物 39 种和草本层植物 49 种，乔木、灌木和草本 3 种植物类型个体密度分别为 1 425 株 / 公顷、8 892 株 / 公顷和 11.73 株 / 平方米。根据径级结构将 28 种乔木划分为 12 种扩展种、2 种隐退种，6 种稳定侵入种和 8 种随机隐退种。主要乔木种群径级结构型为两种：栓皮栎、麻栎、黄檀、槲树、朴树、君迁子和小叶朴为增长型，黑松和赤松为稳定型。

（2）从森林层片的角度看，蒙山沟谷次生林群落的物种丰富度指数、Shannon-Wiener 多样性指数和 Simpson 多样性指数均呈现为灌木层＞乔木层＞草本层，而 Pielou 均匀度指数则呈现为草本层＞灌木层＞乔木层，这与蒙山植物群落[13] 和塔山植物群落[14] 的层间格局基本相同，表明相似的植被大背景造就相似的植物多样性层间格局。但需要指出的是，蒙山沟谷次生林群落 4 种多样性指数明显高于蒙山植物群落[13] 和塔山植物群落[14] 的。

（3）森林是一个具有明显空间立体结构的群落，水平和垂直方向上共同的发育过程造就了最终的群落结构与物种组成[21-22]，这往往由物种生态位分化和扩散过程共同决定[22]，并与群落演替动态密切相关[23-24]。经过 40 余年的植被恢复，蒙山沟谷次生林群落呈现出良好的演替趋势，群落构建正处于以扩散过程为主的空间占据阶段[22,25]，特别是大量乡土灌乔物种的定居和拓殖对植物群落的组成结构、抗干扰能力及生态效益产生了重大影响[74]。

参考文献

[1] Loreau M, Naeem S, Inchausti P, et al. Biodiversity and ecosystem functioning: current knowledge and future challenge[J]. Science, 2001, 294: 804-808.

[2] 李亮，刘海丰，白帆，等 . 东灵山 4 种落叶阔叶次生林的物种组成与群落结构 [J]. 生物多样性，2011, 19（2）: 243-251.

[3] 张健，刘国彬 . 黄土丘陵区不同植被恢复模式对沟谷地植物群落生物量和物种多样性的影响 [J]. 自然资源学报，2010, 25（2）: 207-217.

[4] 邓莉萍，白雪娇，秦胜金，等 . 辽东山区次生林物种多样性的空间分布及尺度效应 [J]. 应用生态学报，2016, 27（7）: 2197-2204.

[5] 王仁师 . 昆明地区沟谷常绿阔叶林的初步研究 [J]. 西南林学院学报，1988, 8（1）: 27-33.

[6] 钟世理，杨昌煦 . 贵州省罗甸县的南亚热带沟谷季雨林 [J]. 西南农业大学学报，1988, 10（3）: 298-301.

[7] 周学军，曹梦麟 . 佼木溪沟谷地貌与林木生长的探讨 [J]. 山地研究，1993, 11（3）: 142-148.

[8] 刘鸿雁 . 太行山南段沟谷杂木林的群落学特征及起源初探 [J]. 地理科学，1995, 15（2）: 188-795.

[9] 彭少麟，李富荣，周婷，等 . 丹霞地貌沟谷生态效应 [J]. 生态学报，2008, 28（7）: 6265-6276.

[10] 景慧娟，凡强，王蕾，等 . 江西井冈山地区沟谷季雨林及其超地带性特征 [J]. 生态学报，2014, 34（21）: 6265-6276.

[11] 高远，朱孔山，郝加琛，等. 山东蒙山 6 种造林树种 40 余年成林效果评价 [J]. 植物生态学报，2013, 37（8）：728-738.

[12] 赵遵田，王锡华，李京东，等. 山东省蒙山种子植物区系研究 [J]. 山东科学，2005, 18（4）：42-47.

[13] 高远，慈海鑫，邱振鲁，等. 山东蒙山植物多样性及其海拔梯度格局 [J]. 生态学报，2009, 29（12）：6377-6384.

[14] 高远，陈玉峰，董恒，等. 50 年来山东塔山植被与物种多样性的变化 [J]. 生态学报，2011, 31（20）：5984-5991.

[15] 方精云，沈泽昊，唐志尧，等. "中国山地植物物种多样性调查计划" 及若干技术规范 [J]. 生物多样性，2004, 12（1）：5-9.

[16] 方精云，王襄平，沈泽昊，等. 植物群落清查的主要内容、方法和技术规范 [J]. 生物多样性，2009, 17（6）：533-548.

[17] 万慧霖，冯宗炜. 庐山常绿阔叶林物种组成及其演替趋势 [J]. 生态学报，2008, 28（3）：1147-1156.

[18] 李立，陈建华，任海保，等. 古田山常绿阔叶林优势树种甜槠和木荷的空间格局分析 [J]. 植物生态学报，2010, 34（3）：241-252.

[19] Tom L, Christina A C. Measuring diversity: the importance of species similarity[J]. Ecology, 2012, 93: 477-489.

[20] 高远，张魁元，刘建，等. 山东典型山地引种火炬松和日本落叶松的群落特征比较分析 [J]. 林业资源管理，2016, 32（1）：84-89.

[21] Kanowski J, Catterall C P, Wardell-Johnson G W, et al. Development of forest structure on cleared rainforest land in eastern Australia under different styles of reforestation[J]. Forest Ecology and Management, 2003, 183: 265-1280.

[22] 刘海丰，薛达元，桑卫国. 暖温带森林功能发育过程中的物种扩散和生态位分化 [J]. 科学通报，2014, 59（24）：2359-2366.

[23] 张殷波，张峰. 翅果油树群落结构多样性 [J]. 生态学杂志，2012, 31（8）：1936-1941.

[24] 程红梅，田锴，田兴军. 大蜀山孤岛状山体植被演替阶段物种多样性

变化规律 [J]. 生态学杂志 , 2015, 34（7）: 1830-1837.

[25] Guariguata M R, Ostertag R. Neotropical secondary forest succession: changes in structural and functional characteristics[J]. Forest Ecology and Management, 2001, 148: 185-206.

[26] 贺金生 , 陈伟烈 . 陆地植物群落物种多样性的梯度变化特征 [J]. 生态 学报 , 1997, 17（1）: 91-99.

[27] 唐志尧 , 方精云 . 植物物种多样性的垂直分布格局 [J]. 生物多样性 , 2004, 12（1）: 20-28.

[28] 方精云 , 沈泽昊 , 崔海亭 . 试论山地的生态特征及山地生态学的研究 内容 [J]. 生物多样性 , 2004, 12（1）: 10-19.

第三节
植物多样性对旅游活动的响应研究

核心素养 🍃

文化基础 / 人文底蕴 / 人文情怀

文化基础 / 科学精神 / 批判质疑

文化基础 / 科学精神 / 勇于探究

社会参与 / 责任担当 / 社会责任

社会参与 / 实践创新 / 问题解决

学习方式 🍃

查阅信息、交流访问、讨论与展示、野外调查

主要问题 🍃

1. 如何获得选题灵感？

2. 如何开展一项植物多样性对旅游活动的响应研究课题？

3. 你感觉野外调查需要做好哪些准备？

4. 请尝试设计一项植物多样性对旅游活动的响应研究课题。

5. 你有什么收获和体会？

受访嘉宾：刘震宇

刘震宇，男，2009届课程选修者，主持旅游干扰对蒙山植物多样性影响研究课题，荣获第23届山东省青少年科技创新大赛二等奖，本科考入合肥工业大学。

首先请简单介绍一下你的课题选题背景？

刘震宇：2007年春天，我和家人参加了"蒙山一日游"。游玩途中我发现旅游道路两旁的植被远远不及非旅游区的植被复杂丰富，这让我产生了疑问：为何非旅游区植被种类丰富度远高于旅游区？我是一个认真而执着的人，求知欲驱使着我，想要了解真相的急迫心情越来越强烈。在生物和地理课学习中，我了解到植物的生长依赖于适宜的环境，人为干扰破坏往往是影响植被生长的重要因素。对此我自行做几个假设——这种现象是否因为环境恶化而导致？或者是因为景区修路而故意破坏植被？又或者是人为旅游活动影响了部分植物的生长发育？并决定利用暑假时间针对这个课题展开考察，以便得出科学可靠的依据和结论。

请介绍一下你的研究概况？

刘震宇：2007年7月，我采用典型取样法，调查了蒙山旅游区和自然区的植被种类与组成。在旅游区内记录到高等植物161种，其中草本植物99种，灌木40种，乔木22种；在自然区内记录到高等植物201种，其中草本植物117种，灌木57种，乔木27种。蒙山自然区植物群落以麻栎林、赤松－麻栎林、日本落叶松－麻栎林等落叶林和针阔混交林为主；而蒙山旅游区植物群落以黑松林、油松林、赤松林等针叶林为主。蒙山旅游区植物群落演替滞后于自然区，旅游干扰对旅游道路5 m以外的植被影响明显。建议应继续清查蒙山植物资源，适当降低旅游干扰强度，严格保育自然林，及时清除外来入侵植物。

哪些工作能体现你的科学态度？

刘震宇：我的科学态度是严谨的，一步一个脚印、踏踏实实地做研究。我在进行野外实地考察时，山区地形复杂多变，经常会遇到困难。比如样方内的一棵赤松若恰好位于难以到达的谷底，虽然利用目测和经验我可以估计胸径约为 10 cm，但为了科学数据的严谨性，我依然前往谷底测量，实测胸径 12 cm。

在解决问题的过程中你如何区分"相关证据"和"不相关证据"？在你对一个问题没有把握或不确定时，你是否通过试验来得到确切的结论？

刘震宇：我研究人为旅游干扰对蒙山植物种类组成的影响，样方内记录的植物种类数据就属于"相关证据"，而对植物高度的数据记录就属于"不相关证据"。

哪些思想观点或发明设计引起你的注意？你为此做了哪些进一步的探究？在学校学习课程之外，你做了些什么工作能显示你的主动性和进取心？你是如何做的？遇到了什么困难？如何解决的？

刘震宇：生活中经常会闪现令我兴奋的新奇发现。比如在生物课中学习到生物适应环境而进化，我就突然想到人头顶上的"发旋"是否也是生物进化的产物？

你是否对你的研究工作提前制订计划？你对研究项目整体计划感兴趣还是具体细节？哪些因素影响你安排工作的先后顺序？出现无法预料的情形你是如何怎么处理的？

刘震宇：我在做研究前的准备时，制订计划是重中之重，因为我相信一个好的开始是成功的一半。我认为虽然细节决定成败，但部分始终无法从整体中分离出来。在做一个研究时我们要有一个大纲来统领，它使工作井然有序，所以我更倾向于整体计划。事事难预料，生活充满意外，在研究工作中遇到意料之外的事情时，我并没有惊慌失措，我需要平静地剖析、研究，找出失败或意外的原因。很多"意外"总是伴随着惊喜而来，所以我勇于面对"无法预料"。

你如何评价自己？

刘震宇：在项目研究过程中，我在收集资料、整理资料、区分相关证据与不相关证据、查阅文献、制作标本、鉴定标本、撰写论文等研究能力方面有了显著提高，尤其对蒙山主要植物认识深刻。为提高知识水平，查阅大量相关文献，丰富了我的知识体系，使研究能力进一步提升，这为我的研究工作打下重要基础。我具有坚韧的性格，研究过程锻炼了我的毅力，提高了综合能力，卓越的表达能力更有助于交流。

你在项目研究中有什么收获和体会？

刘震宇：这次研究考察活动，必将会成为我生命历程中一次弥足珍贵的体验和经历。通过这次研究实践，我学会了采集并制作植物标本，根据植物特点，参阅检索文献，鉴定植物种类和植被类型，还把生物和地理课上学习的书本知识运用到了实践中去，切身体会到只有不断实践才可以使学习更扎实有效。通过本次课题研究，我对蒙山实地考察心存感慨：山上衣食住行的种种不便和每天起早贪黑地爬上爬下都没有动摇我的决心和信心。考察中我认识了许多平日见不到的植物，并有幸目睹了国家一级重点保护植物兰花在野外的集群分布。看着现在这些经过自己汗水浇灌获得的数据和结论，我感觉到充足的自信心和巨大的成就感正充斥心田，由衷地感受到了"体验的快乐、创新的快乐、成长的快乐"。

旅游干扰对蒙山植物种类组成的影响

»»————————————————————————————

【摘要】 2007 年 7 月和 2008 年 7 月，笔者采用典型取样法，调查了蒙山旅游区和自然区的植被种类与组成。在旅游区内记录到高等植物 161 种，其中草本植物 99 种，灌木 40 种，乔木 22 种；在自然区内记录到高等植物 201 种，其中草本植物 117 种，灌木 57 种，乔木 27 种。蒙山自然区植物群落以麻栎林、赤松－麻栎林、日本落叶松－麻栎林等落叶林和针阔混交林为主；而蒙山旅游区植物群落以黑松林、油松林、赤松林等针叶林为主。蒙山旅游区植物群落演替滞后于自然区，旅游干扰对旅游道路 5 m 以外的植被影响明显。建议应继续清查蒙山植物资源，适当降低旅游干扰强度，严格保育自然林，及时清除外来入侵植物。

【关键词】 蒙山；旅游干扰；物种组成

1 引言

随着旅游业的发展，旅游干扰作为一种重要的人为干扰，它对植物的影响越来越受到科研工作者的重视。[1] 国内关于旅游干扰对山体植物种类组成影响的研究涉及多种山体景区和各种植被类型。[2-6] 屹立于华北平原上的蒙山，为典型的暖温带落叶阔叶林区，以其丰富的野生植物资源，跻身山东植物种类和特有植物最丰富的地区行列[7]，先后被评为国家森林公园、AAAA 级旅游区和国家地质公园，近年来发展成为山东省主要旅游景点之一。而随着旅游强度加大，蒙山山体植物已逐渐受影响。目前对蒙山植物种类组成的研究仅限植物区系[7]、野生蔬菜资源[8]和蔷薇科野生果树资源[9]，尚未见关于旅游干扰对蒙山植物种类组成影响的研究报道。本研究以研究自然区植物和旅游区植物种类组成差异为基础，对旅游干扰影响进行评估，并提出保护对策。

2 材料与方法

2.1 蒙山自然环境概况

蒙山位于山东南部，地处 35° 10′ ～ 36° 00′ N，117° 35′ ～ 118° 20′ E，呈西北东南走向，面积 1 125 km², 主峰 1 156 m，为山东省第二高峰，境内多数山头都为海拔 600 ～ 1 000 m。山体表面主要为片麻岩和花岗片麻岩，山脚有石灰岩覆盖。土壤类型以棕壤为主，中性至微酸。[7] 气候属暖温带大陆性季风气候，四季分明，光照充足。森林覆盖率在 85% 以上。[10]

2.2 样方设置与野外调查

根据群落类型分布，调查采用典型取样法[11]，群落层次按乔木层、灌木层和草本层划分，进行分层统计记录物种。设置样方 26 个，样方大小为 20 m × 20 m，总面积 10 400 m²，其中旅游区样方 13 个，距离旅游道路 5 m，受游客干扰；自然区样方 13 个，距离旅游道路 100 m，不受游客干扰。参照方精云等提出的标准[12]，记录乔木层所有胸径 ≥ 5 cm 的木本植物种类，并记录数目和胸径；记录灌木层所有胸径 < 5 cm 的木本植物种类，包括乔木幼苗和幼树；记录草本层草本植物种类。物种鉴定主要在野外进行，并采集标本送交植物分类学家协助鉴定。

3 结果与分析

3.1 蒙山旅游区和自然区植物物种差异

蒙山旅游区内乔木物种组成数量占前五位的科为蔷薇科（4 属 4 种）、壳斗科（2 属 4 种）、松科（2 属 4 种）、豆科（2 属 2 种）和木犀科（2 属 2 种）；而自然区内乔木物种组成数量占前五位的科为蔷薇科（4 属 4 种）、壳斗科（3 属 4 种）、松科（2 属 4 种）、豆科（3 属 3 种）和桑科（1 属 2 种）。旅游区样方内现有乔木 22 种，其中臭椿、榆树、小蜡和野山楂这 4 种乔木仅出现在旅游区样方内。而自然区样方内现有乔木27种，其中枫杨、鸡桑、盐肤木、山合欢、大果榆、山杏、山皂荚、卫矛和白桦这9种乔木仅出现在自然区样方内。

蒙山旅游区内灌木物种组成数量占前五位的科为蔷薇科（7属7种）、木犀科（3属4种）、壳斗科（1属4种）、桑科（2属3种）和豆科（2属2种）；而自然区内灌木物种组成数量占前五位的科为蔷薇科（6属6种）、豆科（3属5种）、壳斗科（2属5种）、忍冬科（4属4种）和木犀科（3属4种）。旅游区样方内现有灌木40种，其中栾树、蒙桑、山桃、小叶榆等10种灌木仅出现在旅游区样方内。而自然区样方内现有灌木57种，其中刺楸、大叶胡颓子、大叶朴树、光叶溲疏、黄连木、金银木、蒙山鹅耳枥、木半夏、糯米条、陕西荚蒾、小叶鼠李、郁李等27种灌木仅出现在自然区样方内。

蒙山旅游区内草本植物物种组成数量占前五位的科为菊科（11属21种）、禾本科（12属12种）、堇菜科（1属6种）、蔷薇科（4属4种）和大戟科（3属4种）；而自然区内草本植物物种组成数量占前五位的科为菊科（13属20种）、百合科（7属13种）、禾本科（10属10种）、蔷薇科（5属6种）和唇形科（4属6种）。旅游区样方内现有草本99种，其中豆茶决明、马唐、牛叠肚、一年蓬、石竹、圆叶牵牛、双穗雀稗、续断菊、旋覆花、茵陈蒿、鬼针草、平车前等33种草本仅出现在旅游区样方内。而自然区样方内现有草本117种，其中红柴胡、半夏、北柴胡、草木犀状黄芪、羊耳蒜、无柱兰、绶草等51种草本仅出现在自然区样方内。

对蒙山旅游区和自然区样方内所有植物物种进行比较（表1和表2），表明草本植物为主要物种，其次为灌木种类，乔木植物种类最少。旅游区与自然区相比，灌木种类比例下降而草本比例上升，乔木比例基本不变。这说明旅游干扰对灌木层物种组成影响最大，对乔木层物种影响较小，而草本植物对旅游活动干扰后的恢复响应更有效。

表1　蒙山旅游区和自然区植物物种比较

	仅见于游泳区	在两区均出现	仅见于自然区	旅游区总物种	自然区总物种	两区物种总和
所有物种数	47种	114种	87种	161种	201种	248种
乔木	4种/8.5%	18种/15.8%	9种/10.3%	22种/13.7%	27种/13.4%	31种/12.5%
灌木	10种/21.3%	30种/26.3%	27种/31.0%	40种/24.8%	57种/28.4%	67种/27.0%
草本	33种/70.2%	66种/57.9%	51种/58.6%	99种/61.5%	117种/58.2%	150种/60.5%

表2　蒙山旅游区和自然区植物物种占所有物种的比例（%）

	仅见于游泳区	在两区均出现	仅见于自然区	旅游区总物种	自然区总物种	旅游区/自然区
合计比例	18.9	46.0	35.1	64.9	81.1	80.1
乔木比例	1.6	7.3	3.6	8.9	10.9	81.5
灌木比例	4.0	12.1	10.9	16.1	23.0	70.2
草本比例	13.3	26.6	20.6	39.9	47.2	84.6

3.2 蒙山旅游区和自然区现存植物群落发育比较分析

由于蒙山森林植被主要由乔木物种构成，我们对旅游区和自然区现存乔木个体发育情况进行了比较分析（表3），发现旅游区与自然区乔木个体数目相差较多，说明旅游活动干扰导致内部林木稀疏化和群落外观简单化；从乔木平均胸径来看，在旅游区大于10 cm的林木只有8种，而在自然区大于10 cm的林木高达17种，这说明旅游活动已在较大程度上影响或干扰了林木个体发育。

蒙山自然区植物群落以麻栎林、赤松–麻栎林、日本落叶松–麻栎林等落叶林和针阔混交林为主，森林郁闭度较高，林内土壤较肥沃，喜湿耐阴的灌木和草本种类较多。而蒙山旅游区植物群落以黑松林、油松林、赤松林等针叶林为主，森林郁闭度较低，林内土壤较贫瘠，喜阳耐旱的灌木和草本种类较多。这表明旅游活动干扰延缓了蒙山森林演替过程。尽管如此，蒙山旅游区依然保有一定数量的落叶乔木（表3），若能适当降低旅游干扰强度，旅游区针叶林仍具有在较短时间内演替为自然区落叶林和针阔混交林的潜力。

表3 蒙山旅游区和自然区乔木个体数目

自然区乔木物种	个体数目	平均胸径	旅游区乔木物种	个体数目	平均胸径
麻栎 Quercus acutisima	366	12.2	黑松 Pinus thunbergi	208	13.0
赤松 Pinus densiflora	164	11.2	油松 P. tabulaeformis	207	12.6
日本落叶松 Larix kaempferi	143	12.1	赤松 P. densiflora	163	13.3
油松 P. tabulaefarmis	127	11.5	日本落叶松 Larix kaempferi	52	11.8
刺槐 Robinia pseudoacacia	40	12.3	刺槐 Robinia psaudoacacia	30	9.9
黑松 Pinus thunberg	38	10.4	槲栎 Quercus aliena	10	14.1
水榆花楸 Sorbus alnifolia	28	8.2	白蜡 Frxinus chinensis	8	7.5
白蜡 Fraxinus chinensis	19	6.5	豆梨 Pyrusc aleryana	7	7.9
君迁子 Diospyros lotus	14	11.7	麻栎 Quercusacutisima	5	10.0
板栗 Castanea molisima	12	21.5	三桠乌药 Lindera thunb	4	7.3
枫杨 Pterocarya stenoptera	6	17.7	水榆花楸 Sorbus alnifolia	4	7.3
山樱花 Prunus campanulata	6	6.8	槲树 Quercus denlata	4	6.3
盐肤木 Rhus chinensis	5	7.0	野山楂 Crataegus cuneats	2	12.0
山合欢 Albizia kalkora	4	6.0	君迁子 Diospyros lotus	2	8.5
黄檀 Dalbergia hupeana	4	5.8	黄檀 Dalbergia hupeana	2	6.5
槲栎 Quercus aliena	3	19.7	板栗 Castanea molisima	1	24.0
豆梨 Pyrus cleryana	3	12.7	白檀 Chamaecereus sylvestri	1	6.0
鸡桑 Morus astralis	3	11.0	臭椿 Ailanthus altisima	1	6.0
榆 Ulmus pumila	3	8.3	桑 Morus alba	1	6.0
白桦 Betula platyphyla	2	17.0	榆 Ulmus pumila	1	6.0
山杏 Prunus armenica	2	14.0	山樱花 Prunus campanulata	1	5.0
三桠乌药 Lindera Thunb	2	6.5	小蜡 Ligustrum sinense	1	5.0
大果榆 Ulmus macrocarpa	1	19.0			
卫矛 Euonymus alatus	1	12.0			
桑 Morus alba	1	10.0			
山皂荚 Gleditsia japonica	1	7.0			
白檀 Chamaecereus sylvestri	1	6.0			

4 结论与建议

通过对蒙山旅游区和自然区 10 400 m² 样方调查，旅游区内记录到植物 161 种，自然区样内记录到植物 201 种。两者草本植物种类最为丰富，多达 99 种和 117 种；其次为灌木，种类为 40 种和 57 种；乔木植物种类最少，仅各为 22 种和 27 种。蒙山自然区植物群落以麻栎林、赤松－麻栎林、日本落叶松－麻栎林等落叶林和针阔混交林为主，森林郁闭度较高；而蒙山旅游区植物群落以黑松林、油松林、赤松林等针叶林为主，森林郁闭度较低。

蒙山自然区土壤较肥沃，喜湿耐阴的灌木和草本种类较多；旅游区土壤较为贫瘠，喜阳耐旱的灌木和草本种类较多。这与旅游干扰可能会改变土壤组分[13-15]，进而改变其地上植物物种组成，导致一些喜湿耐阴的物种局部消失，而另外一些耐干旱、抗干扰能力强、繁殖能力较强的种群扩大，并会带来外来种与伴人植物种的入侵[2]有关。

蒙山植物物种组成受旅游干扰影响变化特点为灌木层 > 乔木层 > 草本层，这与九寨沟岷江冷杉林和白云山森林植物受旅游干扰影响后植物种类组成的变化[2,13]不同。这可能主要由于蒙山旅游区植物群落演替滞后于自然区，其林下草本植物选择了不同的生长习性与繁殖策略所致。多年生杂类草功能群对干扰具有较强的耐性和缓冲作用，而灌木和半灌木则对干扰敏感。[16]

旅游干扰对蒙山旅游道路 5 m 以外的植被影响明显，这与广东省古兜山旅游对植物生态的影响主要局限于游径和景点两侧 2 ～ 4 m 范围[17]和六盘山旅游践踏干扰主要集中在旅游步道边缘 1 ～ 3 m 范围[18]不同，这可能与旅游干扰强度差异有关。此外，不同的研究样方设置也会对结果产生一定影响。

我们建议应继续加大对蒙山植物资源的清查力度，及时清除外来入侵植物，严格保育自然林，在重视生态恢复时兼顾地方利益[19]，适当降低旅游活动干扰强度，旅游区针叶林仍具有在较短时间内演替为自然区落叶林和针阔混交林的潜力。

致谢：齐臻、李翠萍、林祥宇、张振和李欢欢 5 位同学参与了野外调查，蒙山景区工作人员给予了支持，山东师范大学李法曾教授和曲阜师范大学侯元同副教授协助鉴定了部分植物标本，在此表示诚挚感谢！

参考文献

[1] 武俊智，上官铁梁，张婕，等 . 旅游干扰对马仑亚高山草甸植物物种多样性的影响 [J]. 山地学报，2007, 25（5）: 534-540.

[2] 朱珠，包维楷，庞学勇，等 . 旅游干扰对九寨沟冷杉林下植物种类组成及多样性的影响 [J]. 生物多样性，2006, 14（4）: 284-291.

[3] 吴甘霖，黄敏毅，段仁燕，等 . 不同强度旅游干扰对黄山松群落物种多样性的影响 [J]. 生态学报，2006, 26（12）: 3927-3930.

[4] 张桂萍，张峰，茹文明 . 旅游干扰对历山亚高山草甸优势种群种间相关性的影响 [J]. 生态学报，2005, 25（11）: 2868-2874.

[5] 高远，姚亮，邱振鲁，等 . 山东五莲山植物群落结构及物种多样性 [J]. 植物研究，2008, 28（3）: 359-363.

[6] 程占红，张金屯，张峰 . 不同旅游干扰下草甸种群生态优势度的差异 [J]. 西北植物学报，2004, 24（8）: 1476-1479.

[7] 赵遵田，王锡华，李京东，等 . 山东省蒙山种子植物区系研究 [J]. 山东科学，2005, 18（4）: 42-51.

[8] 候元同 . 山东蒙山野生蔬菜资源研究 [J]. 中国野生植物资源，2001, 21（3）: 28-32.

[9] 赵晓光 . 蒙山山区蔷薇科野生果树资源研究 [J]. 安徽农业科学，2005, 33（3）: 68.

[10] 蔡长胜，牛凌 . 蒙山森林旅游资源保护与综合开发利用 [J]. 水土保持研究，2001, 8（3）: 147-149.

[11] 陈利生，方学军，陈琳，等 . 官山自然保护区野生闽楠林调查 [J]. 江西林业科技，2004（2）: 1-5.

[12] 方精云，沈泽昊，唐志尧，等 . "中国山地植物物种多样性调查计划"及若干技术规范 [J]. 生物多样性，2004, 12（1）: 5-9.

[13] 管东生，林卫强，陈玉娟 . 旅游干扰对白云山土壤和植被的影响 [J]. 环境科学，1999, 20（6）: 6-9.

[14] 冯学钢, 包浩生. 旅游活动对风景区地被植物 - 土壤环境影响的初步研究 [J]. 自然资源学报, 1999, 14（1）: 75-78.

[15] 孔祥丽, 李丽娜, 龚国勇, 等. 旅游干扰对明月山国家森林公园土壤的影响 [J]. 农业现代化研究, 2008, 29（3）: 350-353

[16] 郑伟, 朱进忠, 潘存德. 旅游干扰对喀纳斯景区草地植物多样性的影响 [J]. 草地学报, 2008, 16（6）: 624-635.

[17] 徐颂军, 邱彭华, 谢跟踪, 等. 广东省古兜山自然保护区生态旅游开发的多尺度影响 [J]. 生态学报, 2007, 27（10）: 4045-4056.

[18] 席建超, 胡传东, 武国柱, 等. 六盘山生态旅游区旅游步道对人类践踏干扰的响应研究 [J]. 自然资源学报, 2008, 23（2）: 274-284.

[19] 包维楷, 刘照光, 刘庆. 生态恢复重建研究与发展现状及存在的主要问题 [J]. 世界科技研究与发展, 2001, 23（1）: 44-48.

第四节
人工林植物多样性恢复与评价研究

核心素养 🍃

文化基础 / 人文底蕴 / 人文情怀

文化基础 / 科学精神 / 批判质疑

文化基础 / 科学精神 / 勇于探究

社会参与 / 责任担当 / 社会责任

社会参与 / 实践创新 / 问题解决

学习方式 🍃

查阅信息、交流访问、讨论与展示、野外调查

主要问题 🍃

1. 如何获得选题灵感？

2. 如何开展一项森林植被恢复研究课题？

3. 你感觉野外调查需要做好哪些准备？

4. 请尝试设计一项森林植被恢复的研究课题。

5. 你有什么收获和体会？

受访嘉宾：丰清元、施晓颖和张魁元

丰清元，男，2012 届课程选修者，主持塔山退化森林植被恢复研究课题，参加 SCOPE 国际环境论坛（英文，15 min）做学术报告，本科自招考入香港大学，研究生考入加拿大西蒙弗雷泽大学。

施晓颖，女，2013 届课程选修者，主持蒙山退化森林植被恢复研究课题，荣获第 27 届山东省青少年科技创新大赛二等奖，参加第 15 届国际河流湖泊大会（英文，15 min）和 SCOPE 国际环境论坛（英文，30 min）做学术报告，本科自招考入华北电力大学，研究生考入清华大学。

张魁元，男，2016 届课程选修者，主持引种火炬松和日本落叶松的群落特征比较研究课题，荣获第 30 届全国青少年科技创新大赛三等奖，本科考入纽约大学石溪分校。

首先请简单介绍一下你们的课题选题背景和研究概况？

丰清元：自己家乡的小山，原来是青山绿水，植被茂密；现在是土地荒芜，树木稀疏。我想通过考察研究塔山植被，厘清生态恢复过程中植物起到的作用和相互关联，以利于家乡的荒山植被恢复。

施晓颖：山东蒙山是中国的旅游胜地，它不仅有着悠久的红色历史，更有着丰富的森林植被，但曾经长期受人为破坏而形成荒山，1949 年后由林场造林抚育。我采用了系统勘踏法和典型样地取样法，选择出条件最适宜的样方，又将每个样方分为乔木层、灌木层、草本层，对其进行分层统计，参照"PKU-PSD 计划"标准，记录植物种类、数量与每木胸径，历时 10 天，针对蒙山上恢复时间超过 40 年的森林植被进行了深入的调查研究。

张魁元：我从媒体上了解到蒙山将要引进一批火炬松，希望借此提高蒙山植物的多样性。对于这种原产于北美的外来植物，我不禁疑虑重重，引入正确的树种才能提高物种多样性，火炬松经过实践检验了没有？它是最合适的树种吗？没有人能回答我，经过一晚上的深思熟虑，我决定研究火炬松和日本落叶松两种引种树种的生长和更新，从种群特征、群落组成和物种多样性三方面分析评价其对山东生态环境的适应性，以期为山东的植物引种工作提供科学依据和数据参考。

你们的研究有什么现实意义？

丰清元：随着人类对自然环境的肆意破坏和全球气候的急剧变化，我们的生存环境危机四伏。植被恢复与生态灾害防治兼具学术价值和应用价值，既需要物理恢复学说、化学恢复学说和生物恢复学说的指导，又迫切需要开发有效的造林工程技术手段相辅助。

我认为在20年内，全球变化与区域生态安全、流域生态学与科学管理、湿地生态系统的保护与水环境安全和农业生态系统健康与食物安全这四个重要科学问题的研究会有重要进展，但离解决问题估计还有些距离，是需要长期努力解决的难题和方向。而生物入侵及其管理、重要生态区与生物多样性保护和植被恢复与生态灾害防治这三个重要科学问题有可能得到解决。

施晓颖：我的研究发现，不同类型的乔木层物种丰富度、Shannon-Wiener多样性指数、Simpson多样性指数和Pielou均匀度指数呈现为刺槐林＞自然恢复林＞黑松林＞赤松林＞油松林，外来种刺槐造林的各种多样性指数竟然比乡土物种赤松和油松造林要高一些，这个现象有悖常理。这群"外来移民"竟比"本地居民"还要如鱼得水，这或许是蒙山生态系统能够稳定维持的重要原因，为生物多样性维持机制研究提供了一个很有价值的研究案例。

通过分析蒙山乔木层木本植物径级分布与物种类型，发现扩展种21种、隐退种3种、稳定入侵种27种和随机入侵种8种。评估筛选出蒙山造林工具种17种，其中乔木树种9种，灌木树种8种。如果当地林业部门和景区管理部门能够将其作为参考，将会为沂蒙山区森林植被改造与规划提供数据依据。

张魁元：我的研究发现，火炬松群落中主要乔木火炬松种群为稳定型，栓皮栎种群为显著增长型，麻栎种群和赤松种群为增长型；日本落叶松群落中主要乔木日本落叶松种群、花楸种群和椴树种群为稳定型，栓皮栎种群为显著增长型。火炬松群落演替趋势为火炬松林→针阔混交林→麻栎林或栓皮栎林，日本落叶松群落演替趋势为日本落叶松林→针阔混交林→栓皮栎林或杂木林。

我的研究表明，火炬松在蒙山引种40余年长势良好，但枝条上未发现成熟的大孢子叶球，林下也没有发现火炬松幼苗；而同期在昆嵛山引种的火炬松枝条上发现了几十个成熟的大孢子叶球，林下也发现了几株火炬松幼苗。日本落叶松在泰山、蒙山和昆嵛山引种40余年长势良好，枝条上能发现大量成熟球果，但林下群落中能自然存活的幼苗较为稀少。我的研究揭示出火炬松是不适合沂蒙山区荒山绿化的，建议减少或停止引种，蒙山管理部门采纳了我的研究成果。

哪些工作能体现你的科学态度？

施晓颖： 野外考察期间 7 号样方调查表因当时天热而被汗水打湿，数据字迹模糊不清，难以辨认，当时我脑海中闪现一个念头，想要照着字迹的轮廓随便描上。但另一个声音随后出现，严肃地告诫我，明天早起去重新调查。第二天一大早我跑过去重新调查，结果发现数据与我想要描上的有些出入。这让我明白，科学，容不得一丝马虎，容不得一丝模糊，要认真严谨地对待每一次的调查，对每一个数据都做到准确真实。

在项目研究中你有什么收获和体会？

施晓颖： 回首整个调查研究过程，一路走来，从炎炎夏日进山出山，整日大汗淋漓；到处理数据无休无止，计算枯燥烦琐。野外的 10 天，炽热山体宣告着水深火热，陡峭的山体纵使怎样费尽力气也站不稳脚跟，当空的烈日任凭自己怎样平静休息也热度不减，繁杂的物种让你怎样分辨也无法被准确分清，这期间体力和意志力受到了前所未有的考验和磨砺，而坚持则开阔了自己的眼界，磨炼了意志，学会了如何去认真分析问题，学会了如何用实践去检验理论。一路走走停停，风光不断，困苦也不断，明白做科研项目不只是靠兴趣就能走下来，更需要的是一丝不苟的科学精神和不抛弃、不放弃的铁血意志，只有用汗水和勤奋去培植科学的种子，才能开出最有价值、最美丽的科学之花！

哪些例子能显示出你具有创新意识、思想创新性和好奇心？

施晓颖： 野外考察中，我会采集植物标本，但如何长时间保存成了一个难题，我联想到生活中把护手霜涂在植物标本上，因为护手霜中含有凡士林，凡士林能够堵住气孔，防止其失水变干。果真，样本被很好地保存了下来。我发现一个很有趣的现象，个头大的松树没有结松果，个头小的松树却都结出了松果。联想到今年冬天比往年寒冷，夏天比往年干旱，我认为松树存在一个生命评估系统，个头大的松树认为自己能熬过这次考验，因此就储存能量暂免繁殖耗能；个头小的松树认为自己熬不过，于是就赶快传宗接代。辨别栓皮栎和麻栎时，发现栓皮栎叶背面有微绒毛而麻栎叶没有。因此，我就可以通过树叶的透光性辨别，若树叶透光，则为麻栎；不透光则为栓皮栎。

50 年来山东塔山植被与物种多样性的变化

»»»————————————————————————————————

【摘要】 为分析塔山植被与物种多样性 50 年来的自然演替和动态变化，2009 ～ 2010 年，采用系统勘踏法和典型取样法进行了调查。当前塔山主要植被类型为"黑松林—赤松林—栓皮栎林"。50 年间，该区针叶林从黑松（*Pinus thunbergii*）林演替为以黑松林、赤松（*P. densiflora*）林和油松（*P. tabulaeformis*）林为主的混合针叶林，但针叶林的整体优势度下降，以栓皮栎（*Quercus variabilis*）和麻栎（*Q. acutissima*）为建群种的阔叶林面积明显增大，由针叶林向阔叶林的演替趋势明朗。物种丰富度为草本层＞灌木层＞乔木层，Shannon-wiener 指数和 Simpson 指数为灌木层＞草本层＞乔木层，物种多样性较低，处于森林演替初期。

【关键词】 植被恢复；植被重建；针叶林；阔叶林；塔山

山地植被多样性历来被全球生态学家所关注，相关研究层出不穷 [1-3]，其中植被恢复研究是一个具有挑战性的全球性课题 [4-6]。从植物多样性的角度对同一地点进行长期观测，是研究人类干扰条件下的群落生物多样性动态和对积极保护措施效果进行评价的常用且可靠的方法 [6-7]。但由于中国山地植被系统研究起步较晚，传世的早期科学样本甚为缺乏，所研究的山地植被多样性重建时间跨度一般在 20 年，并不能深刻体现出山地植被多样性的恢复动态 [7]，超过 40 年的植被重建动态研究更显得弥足珍贵 [7-8]。

塔山地处暖温带南部的山东山地丘陵区域，曾经长期受人为破坏而形成荒山。1894 年，德国传教士华德胜在此植树造林。1940 年，塔山遭受大面积破坏，林场开始造林抚育，至 1959 年，塔山已恢复成为鲁中南山地植被及土壤发育最好的地区之一。1959～1960 年，周光裕等人调查了塔山植被。[9] 2009～2010 年，笔者对塔山植被进行系统调查，分析植被与物种多样性 50 年来的自然演替和动态变化，为今后鲁中南森林植被改造与规划提供依据。

1 材料与方法

1.1 塔山自然环境状况

塔山位于山东东南部，地处 35° 10'～36° 00'N，117° 35'～118° 20'E 之间，面积 204 km²，原名洋山，1959 年更名为塔山。山脉呈东西走向，海拔多在 600～900 m 之间，最高峰玉柱峰海拔 1 073 m。本区属暖温带大陆性季风气候，气温 13.4℃，降水量约 900 mm。塔山岩石以花岗岩、石英角闪片岩为主。土壤为棕色森林土，质地多砂壤。森林覆盖率达到 85% 以上，属国家森林公园和国家地质公园。

1.2 野外调查与样方设置

野外调查（图 1）分为系统勘踏和典型取样。[10-11] 系统勘踏，主要沿山体自然走向进行，准确辨识植被类型，合理区分群落边界。典型取样，乔木样方规格为 30 m×20 m；在其近中位置布设灌木样方，规格为 10 m×10 m；在其四角选取草本样方，规格为 1 m×1 m。调查共得到 40 个乔木样方、40 个灌木样方和 160 个草本样方。样方林相整齐，能够代表群落的基本特征。调查时记录样方环境信息，诸如地理坐标、海拔、坡向、坡位和坡度等。

植物群落层次按乔木层、灌木层、草本层划分，进行分层统计[10-11]。乔木层记录所有胸径≥ 5 cm 的木本植物的种类、胸径和数量；灌木层记录所有胸径 <5 cm 的木本植物的种类、胸径和数量，包括乔木幼苗和幼树；草本层记录植物的种类、高度和数量。物种鉴定主要在野外进行，并采集标本送交植物分类学家进行鉴定确认。

图 1 塔山野外调查

1.3 数据分析与计算

植物物种多样性采用 4 种常用多样性指数进行数据计算分析[10-11]：丰富度指数（S）、Shannon-Wiener 多样性指数（H）、Simpson 多样性指数（D）和 Pielou 均匀度指数（E）。计算公式分别为：

$$S=样方内的植物物种数目；H=-\sum_{i=1}^{s}(P_i \ln P_i)；D=1-\sum_{i=1}^{s}P_i{}^2；E=H/\ln S$$

P_i 为样方内第 i 物种重要值占总重要值的比例，乔木层和灌木层重要值＝（相对显著度＋相对密度＋相对频度）/3，草本层重要值＝（相对高度＋相对密度＋相对频度）/3。

2 结果与分析

2.1 塔山主要植被 50 年来的变化

2.1.1 1959 年塔山主要植被

1959 年，塔山植被主要为以黑松林为主的温带针叶林和灌丛，局部水分条件较好的河谷、山沟区域存在少量温带落叶阔叶林。[9]

2.1.2 2009 年塔山主要植被

2009 年，塔山植被已整体演替为针叶林、针阔混交林和落叶阔叶林，主要植被类型为黑松林、赤松林、栓皮栎林、麻栎林、油松林和杂木林，局部区域存在槲栎林、辽东栎木林、火炬松林和马尾松林。

针叶林主要有黑松林、赤松林和油松林，局部区域有火炬松林和马尾松林。黑松林主要分布在塔山外围区。外围区黑松长势较好，而核心区黑松多呈现衰退状态。乔木层盖度为0.4～0.7,均高10 m。灌木层盖度为0.2～0.8,均高5 m,刺槐、扁担木、君迁子、白蜡树、南蛇藤、牛奶子、山合欢较为常见,偶见臭椿、桑、黑松苗、葎叶蛇葡萄。草本层盖度为0.1～0.3,均高0.3 m,透骨草、委陵菊、蓝萼香茶菜为局部优势种,地榆、芒、广序臭草、蓬子菜、东亚唐松草、小花鬼针草、林荫千里光、山东茜草较为常见。

赤松林主要分布在塔山外围与高海拔区域。高海拔区赤松长势较好,而低海拔区赤松多呈现衰退状态。乔木层盖度为0.5～0.8,均高7 m,白蜡树、刺槐为伴生种,偶见辽东桤木、杜梨、大叶朴。灌木层盖度为0.2～0.6,均高2 m,白蜡、扁担木、小叶鼠李、君迁子、赤松苗、山合欢、水榆花楸、胡枝子、卫矛较为常见,偶见辽东水蜡、华北绣线菊、山樱桃、三桠乌药。草本层盖度为0.2～0.6,均高0.25 m,低矮苔草、薯蓣为局部优势种,透骨草、羽裂黄瓜菜、地榆、泰山韭、三脉紫菀、委陵菊、广序臭草、中华隐子草、荩草、球果堇菜较为常见,偶见费菜、羊耳蒜、孩儿参、北柴胡、大丁草、歪头菜。

油松林分布在塔山核心区塔山北坡。乔木层盖度为0.6,均高5.5 m。灌木层盖度为0.8,均高3 m,常见白檀、栓皮栎、辽东桤木,偶见山葡萄。草本层盖度为0.3,均高0.3 m,求米草为局部优势种,芒、地榆、委陵菊为常见物种。

火炬松林分布在塔山外围区,为引种栽培林,长势较好,但未见更新苗,种群不能自我更新和维持。乔木层盖度为0.6～0.75,均高7 m,偶见杜梨、朴树、黄连木。灌木层盖度为0.45,均高1.5 m,常见荆条、酸枣、扁担木,夹杂着少量的山合欢、君迁子、朴树。草本层盖度为0.7,均高0.5 m,常见野古草、隐子草、荩草,长蕊石头花为局部优势种,常见白莲蒿、山东茜草、木防己、薯蓣、绵毛马兜铃、黄背草。

马尾松林分布在塔山外围区,为引种栽培林砍伐后萌生恢复林,长势较好,可见更新苗较多,种群能自我更新和维持。乔木层盖度为0.3,均高10 m,间杂黑松。灌木层盖度为0.7,均高1.5 m,常见荆条、马尾松苗,偶见山合欢、黑松苗、扁担木。草本层盖度为0.4,均高0.3 m,常见野古草、荩草、长蕊石头花,偶见薯蓣、山东茜草、鸭跖草、白莲蒿、紫花地丁、小花鬼针草。

针阔混交林主要分布在塔山低海拔区域。乔木层盖度约为0.6,均高10 m,常见黑松、鹅耳枥、槲树、刺槐,偶见朴树、元宝槭和白蜡树。灌木层盖度约为 0.3，均高 1.5 m，常见白蜡树、栓皮栎、山樱桃、连翘和南蛇藤，偶见扁担木、赤松苗、君迁子、小叶鼠李。草本层盖度约为 0.3，均高 0.3 m，常见广序臭草、委陵菊、野古草、求米草，少见白莲蒿、三脉紫菀、蓝萼香茶菜、透骨草、长蕊石头花、墓头回等。

阔叶林主要有栓皮栎林、杂木林和麻栎林，局部有槲栎林和辽东栎木林。

栓皮栎林主要分布在塔山核心区。乔木层盖度为 0.7～0.8，均高 10 m，偶见赤松、油松。灌木层盖度为 0.2～0.3，均高 1.5 m，常见白檀、小叶鼠李、连翘、锦带花、南蛇藤，偶见臭椿、山葡萄和扁担木。草本层盖度为 0.2～0.8，均高 0.15 m，常见蓬子菜、地榆、荩草、泰山韭、乳浆大戟。

杂木林主要分布在塔山核心区沟谷处。乔木层盖度为 0.65，均高 10 m，伴生种有赤松、槲栎，偶见牛奶子、黄檀、白檀等，物种相对丰富。灌木层盖度为 0.2～0.4，均高 1.5 m，常见南蛇藤、黑松苗、栓皮栎、荆条。

草本层盖度为 0.2，均高 0.1 m，常见木防己、小花鬼针草、羽裂黄瓜菜、黄背草、薯蓣，偶见三脉紫菀、鸭跖草、绵毛马兜铃。

麻栎林主要分布在塔山核心区。乔木层盖度为 0.75，均高 11 m，刺槐、槲树、槲栎、牛奶子较为常见，偶见辽东栎木、大叶朴。灌木层盖度为 0.3，均高 2 m，荆条、鹅耳栎、槲树、小叶鼠李、胡枝子、白蜡、栓皮栎、麦李较为常见。草本层盖度为 0.3～0.8，均高 0.3 m，求米草为局部优势种，常见地榆、委陵菊、广序臭草、木防己，鸭跖草、华北白前、三脉紫菀为伴生种，偶见荩草、变色白前。

槲栎林分布在塔山核心区。乔木层盖度为 0.6，均高 12 m，常见黑松、君迁子，偶见赤松、榔榆、麻栎。灌木层盖度为 0.7，均高 4 m，常见连翘、槲栎、南蛇藤、牛奶子，伴生种有榔榆、卫矛、扁担木，偶见大花溲疏、野花椒。草本层盖度为 0.05，均高 0.15 m，优势种为苔草、野古草、求米草，鸭跖草、透骨草为局部优势种，常见芒、羽裂黄瓜菜、三籽两型豆、球果堇菜，偶见林泽兰、牛尾菜、团羽铁线蕨。

辽东栎木林分布在塔山核心区沟谷处。乔木层盖度为 0.7，均高 10 m，伴生种相对较少，见少量麻栎、槲树、栓皮栎、赤松。灌木层盖度为 0.3，均高 3 m，可见南蛇藤、连翘，偶见水榆花楸、卫矛、小叶鼠李。草本层盖度为 0.3，均高 0.3 m，优势种为臭草、羽裂黄瓜菜、轮叶八宝，常见内折香茶菜、三脉紫菀、野艾蒿，偶见球果堇菜、东北南星。

2.2 山东塔山植物多样性

塔山 24 000 m^2 标准样方内共记录维管植物 147 种，隶属于 57 科 115 属，其中 6 大科分别为菊科 13 属 16 种、蔷薇科 11 属 12 种、禾木科 10 属 13 种、百合科 6 属 6 种、豆科 6 属 6 种和木犀科 3 属 3 种，共 49 属 56 种，占样方内所有植物属种的 42.6% 和 38.1%。松科和壳斗科植物为塔山森林植被建群种，榆科与蔷薇科植物为乔木层常见种，蔷薇科与豆科植物为灌木层优势种，禾本科多为草本层优势种。

塔山 6 种主要森林植被群落不同层次的物种丰富度一致呈现为草本层＞灌木层＞乔木层（表 1）。Shannon-Wiener 指数 H 在黑松林、赤松林、栓皮栎林和油松林中均为灌木层＞草本层＞乔木层，在麻栎林中为灌木层＞乔木层＞草本层，在杂木林中为乔木层＞灌木层＞草本层。Pielou 指数 E 在黑松林、赤松林和油松林中均为灌木层＞草本层＞乔木层，在麻栎林和栓皮栎林中为灌木层＞乔木层＞草本层，而在杂木林中为草本层＞乔木层＞灌木层。Simpson 指数 D 在黑松林、赤松林、栓皮栎林和油松林为灌木层＞草本层＞乔木层，在麻栎林为灌木层＞乔木层＞草本层，而在杂木林为乔木层＞灌木层＞草本层。在乔木层中，Pielou 指数 E 呈现出杂木林＞麻栎林＞栓皮栎林＞黑松林＞油松林＞赤松林，吻合天然林＞半天然林＞人工林，阔叶林＞针叶林的特征，表明

表 1 塔山主要植物群落物种多样性差异

群落类型	物种丰富度			Shannon-Wiener 指数			Pielou 指数			Simpson 指数		
	乔木	灌木	草本	乔木	灌木	草本	乔木	灌木	草本	乔木	灌木	草本
黑松群落	4.1	7.9	11.4	0.673 4	1.357 8	1.058 9	0.488 7	0.760 5	0.687 9	0.345 6	0.636 3	0.547 1
赤松群落	3.0	8.3	10.5	0.364 4	1.469 9	0.772 2	0.280 3	0.703 9	0.491 0	0.187 4	0.643 4	0.391 7
栓皮栎群落	3.0	9.9	10.0	0.567 0	1.769 6	0.589 0	0.585 0	0.757 0	0.461 1	0.319 5	0.748 5	0.338 6
麻栎群落	5.3	6.6	9.3	1.005 8	1.240 8	0.620 4	0.633 1	0.677 4	0.482 6	0.537 1	0.598 2	0.332 2
油松群落	5.5	6.5	10.5	0.517 0	1.319 2	0.796 0	0.296 2	0.704 2	0.631 0	0.251 8	0.659 5	0.434 0
杂木林群落	6.5	7.0	9.0	1.528 1	1.387 5	0.912 5	0.818 2	0.740 3	0.829 2	0.755 2	0.686 8	0.533 8

Pielou 指数可为指示植物群落内部稳定性的标准指标。

3 结论与讨论

1959 ～ 2009 年 50 年间，塔山林区管理部门对森林植被实施了较为严格的管理，水土保持良好，植物物种明显增多，森林覆盖率显著提高，森林植被得以正常恢复、演替和重建。《中华人民共和国植被图》[12] 采用"潜在植被法"将本区植被类型标注为"油松林—黑松林"，现阶段塔山主要植被群落类型为"黑松林—赤松林—栓皮栎林"。经过 50 年植被恢复和人工造林，该区以黑松和赤松为建群种的针叶林优势度下降，而以栓皮栎和麻栎为建群种的阔叶林面积明显增大，塔山森林植被建群种已由松科向松科和壳斗科演替，且壳斗科替代松科趋势明朗（图 2）。

相对于森林植被结构的快速恢复而言，森林群落物种组成的恢复是最值得

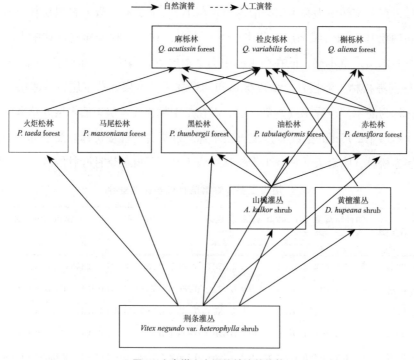

图 2　山东塔山主要植被演替趋势

关注和研究的内容。[13] 塔山森林植被物种丰富度偏低，处于森林演替早期阶段（见表2）。

表2 塔山与附近山体植物物种组成差异

研究区域	纬度	样方	调查面积	物种组成	四大科	资料来源
北京山区	40°N	43个	16 575 m²	48科108属191种	菊科27种、蔷薇科17种 禾本科10种、豆科16种	[14]
山东蒙山	36°N	32个	12 800 m²	60科150属216种	菊科28种、蔷薇科17种 禾本科13种、豆科9种	[15]
山东塔山	35°N	40个	24 000 m²	57科115属147种	菊科16种、蔷薇科12种 禾本科13种、豆科6种	

　　塔山主要森林群落不同层次的物种多样性总体特征较为一致，即物种丰富度均为草本层＞灌木层＞乔木层，Pielou指数 E 和 Simpson 指数 D 为灌木层＞草本层＞乔木层。这与山东蒙山 [15] 和山西历山 [16] 相似，而与北京百花山 [17] 和山西关帝山 [18] 不同。塔山面积不大，海拔高程差尚在植物耐受范围内，植被分布与物种多样性更多受山坡地形格局和土壤微环境影响。塔山外围山体多为演替早期的先锋物种，而山顶上则多为抗逆性强、耐旱和生长缓慢的植物。土壤发育好的区域，喜湿耐阴的植物种类较多；反之，则多为喜阳耐旱的灌木和草本。植物群落建群种的发育和变化，主要通过影响森林郁闭度来改变林下环境。而林下草本层主要受林冠郁闭度和局部小环境影响 [7,19]。随着该区整体植被演替，塔山核心区域的部分先锋灌木和草本植物逐渐被边缘化，这些物种大多都属于"喜光型"，在林木密集处或遮阴下生长缓慢，甚至会在竞争中被淘汰出局，如白羊草。

参考文献

[1] Doležal J, Šrůtek M. Altitudinal changes in composition and structure of mountain temperate vegetation: a case study from the Western Carpathians

致谢：山东师范大学邱振鲁同学和曲阜师范大学熊先华同学参与了部分野外调查，侯元同副教授帮助鉴定部分标本，特此致谢。

[J]. Plant Ecology, 2002, 158（2）: 201-221.

[2] Beck H T, Lötter M C. Preliminary inventory and classification of indigenous afromontane forests on the Blyde River Canyon Nature Reserve, Mpumalanga, South Africa [J]. BMC Ecology, 2004, 4（9）: 1-11.

[3] Hagan J M, Whitman A A. Biodiversity indicators for sustainable forestry: simplifying complexity [J]. Journal of Forestry, 2006, 104（4）: 203-210.

[4] Lamb D, Erskine P D, Parrotta J A. Rostoration of degraded tropical forest landscapes [J]. Science, 2005, 310（5754）: 1628-1632.

[5] Hails R S. Assessing the risks associated with new agricultural practices [J]. Nuture, 2002, 418（6898）: 685-688.

[6] 彭少麟. 恢复生态学与植被重建 [J]. 生态科学, 1996, 15（2）: 26-31.

[7] Bai F, Sang W G, Li G Q, et al. Long-term protection effects of national reserve to forest vegetation in 4 decades: biodiversity change analysis of major forest types in Changbai Mountain Nature Reserve, China [J]. Science in China Series C: Life Sciences, 2008, 51（10）: 948-958.

[8] 徐驰, 刘茂松, 张明娟, 等. 南京灵谷寺森林 50 年来的动态变化研究 [J]. 植物生态学报, 2004, 28（5）: 601-608.

[9] 周光裕. 山东塔山的植被 [J]. 山东大学学报（自然科学版）, 1962,（3）: 53-67.

[10] 方精云, 王襄平, 沈泽昊, 等. 植物群落清查的主要内容、方法和技术规范 [J]. 生物多样性, 2009, 17（6）: 533-548.

[11] 方精云, 沈泽昊, 唐志尧, 等. "中国山地植物物种多样性调查计划冶及若干技术规范 [J]. 生物多样性, 2004, 12（1）: 5-9.

[12] 中国科学院中国植被图编辑委员会. 中华人民共和国植被图 [M]. 北京: 地质出版社, 2007: 130-131.

[13] 刘宪钊, 陆元昌, 周燕华. 退化次生林恢复过程中群落结构和生态位动态 [J]. 生态学杂志, 2010, 29（1）: 22-28.

[14] 吴晓莆, 王志恒, 崔海亭, 等. 北京山区栎林的群落结构与物种组成 [J]. 生物多样性, 2004, 12（1）: 155-163.

[15]　高远, 慈海鑫, 邱振鲁, 等. 山东蒙山植物多样性及其海拔梯度格局 [J]. 生态学报, 2009, 29（12）: 6377-6384.

[16]　茹文明, 张金屯, 张峰, 等. 历山森林群落物种多样性与群落结构研究 [J]. 应用生态学报, 2006, 17（4）: 561-566.

[17]　许彬, 张金屯, 杨洪晓, 等. 百花山植物群落物种多样性研究 [J]. 植物研究, 2007, 27（1）: 112 118.

[18]　陈廷贵, 张金屯. 山西关帝山神尾沟植物群落物种多样性与环境关系的研究Ⅰ. 丰富度、均匀度和物种多样性指数 [J]. 应用与环境生物学报, 2000, 6（5）: 406-411.

[19]　王世雄, 王孝安, 李国庆, 等. 陕西子午岭植物群落演替过程中物种多样性变化与环境解释 [J]. 生态学报, 2010, 30（6）: 1638-1647.

山东典型山地引种火炬松和日本落叶松的群落特征比较分析

【摘要】 选取山东典型山地（泰山、蒙山和昆嵛山）的 11 个样方，研究火炬松群落和日本落叶松群落的生长和更新，从种群特征、群落组成和物种多样性三方面评价适应性。结果表明，火炬松群落的乔木、灌木和草本植物种类分别为 15 种、29 种和 27 种，植株密度分别为每 100 平方米 15.38±1.84 株、51.50±13.00 株和每平方米 14.38±3.80 株；日本落叶松群落的乔木、灌木和草本植物种类分别为 26 种、49 种和 49 种，植株密度分别为每 100 平方米 10.55±0.97 株、37.07±7.99 株和每平方米 25.45±11.35 株。火炬松群落中主要乔木火炬松种群为稳定型、栓皮栎种群为显著增长型、麻栎种群和赤松种群为增长型；日本落叶松群落中主要乔木日本落叶松种群、花楸种群和椴树种群为稳定型，栓皮栎种群为显著增长型。火炬松群落物种丰富度指数和 Shannon-Wiener 多样性指数为灌木层＞草本层＞乔木层，Simpson 多样性指数和 Pielou 均匀度指数为草本层＞灌木层＞乔木层；日本落叶松群落物种丰富度指数为灌木层＞草本层＞乔木层，Shannon-Wiener 多样性指数和 Simpson 多样性指数为灌木层＞乔木层＞草本层，Pielou 均匀度指数为草本层＞灌木层＞乔木层。火炬松群落演替趋势为火炬松林→针阔混交林→麻栎林或栓皮栎林，日本落叶松群落演替趋势为日本落叶松林→针阔混交林→栓皮栎林或杂木林。

【关键词】 植物生态学；火炬松；日本落叶松；泰山；蒙山；昆嵛山

火炬松（*Pinus taeda*）原产于北美东南部，约于 1930 年后引入中国；日本落叶松（*Larix kaempferi*）原产于日本本州和关东（35°20′～38°10′N、

136°45′～140°30′E），于 1884 年引入山东崂山 [1-2]。在山东山地林区 1950 年前后大规模引种造林背景下，火炬松被鲁中南山区和胶东山区小规模引种造林，总面积约为 1 km²；日本落叶松被各主要山地林区较大规模引种造林，总面积约为 10 km²。有关火炬松 [3]（图 1）和日本落叶松（图 2）在山东引种地的种群更新和群落特征研究报道还未见报道。本研究试图基于 2014～2015 年在山东典型山地（泰山、蒙山和昆嵛山）的实地调查，研究这两种引种树种的生长和更新，从种群特征、群落组成和物种多样性三方面分析、评价其对山东生态环境的适应性，以期为山东的植物引种工作提供科学依据和数据参考。

图 1 火炬松群落外貌　　　　　　　图 2 日本落叶松群落外貌

1 研究区域概况

泰山位于山东中部，地理坐标为 36°05′～36°15′N，117°05′～117°24′E，面积 426 km²，主峰海拔 1 545 m，为山东第一高峰。山体主要由杂岩－结晶片麻岩和变质花岗岩构成，少量灰岩和砂页岩。土壤类型主要有棕壤、普通酸性棕壤、山地暗棕壤和山地灌丛草甸土 4 类，以普通酸性棕壤为主。气候属于于暖温带大陆性季风气候，四季分明，光照充足，山顶年平均气温 5.3℃，山脚年平均气温 12.8℃，山顶年均降水 1 125 mm，山脚年均降水 600 mm。属于世界文化与自然双重遗产、世界地质公园、全国重点文物保护单位、国家重点风景名胜区和国家 5A 级旅游景区。[4] 主要植被为油松（*Pinus tabuliformis*）林、麻栎（*Quercus acutissima*）林、侧柏（*Platycladus orientalis*）林、刺槐（*Robinia pseudoacacia*）林、赤松（*Pinus densiflora*）林和黑松（*P. thunbergii*）林，森林覆盖率约 81.5%。

蒙山位于山东南部，地理坐标为 35° 10′～36° 00′ N，117° 35′～118° 20′ E，面积 1 125 km²，主峰海拔 1 156 m，为山东第二高峰。山体表面主要为片麻岩和花岗片麻岩，山脚有石灰岩覆盖。土壤类型以中性至微酸性棕壤为主。气候属于暖温带大陆性季风气候，四季分明，光照充足，年平均气温 13.4℃，年均降水 900 mm。属国家森林公园、国家地质公园、省级重点风景名胜区和国家 5A 级旅游景区。[5] 主要植被为黑松林、赤松林、油松林、刺槐林和栓皮栎（Q. variabilis）林，森林覆盖率约 95%。

昆嵛山位于山东东部，地理坐标为 37°16′～37°25′N，121°42′～121°50′ E，面积 48 km²，主峰海拔 923 m。土壤多为棕壤，局部有少量山顶草甸土，质地多为沙壤质，酸性微酸性。气候属于暖温带大陆性季风气候，四季分明，光照充足，年平均气温 11.9℃，年均降水 985 mm。属国家级自然保护区、国家森林公园和国家 4A 级旅游景区。[6] 主要植被为赤松林、黑松林、麻栎林和刺槐林，森林覆盖率约 92%。

2 研究方法
2.1 野外调查

通过询问森林管理部门并结合实际调查，了解泰山、蒙山和昆嵛山森林信息（图 3）。研究区域的火炬松主要引种在海拔 200～500 m 处的阳坡和半阳坡，林下枯枝落叶层较薄；日本落叶松主要引种在海拔 600～1 400 m 处的阴坡和半阳坡，林下枯枝落叶层较厚。采用典型取样法进行林内调查[7-8]，火炬松样方取自蒙山（3 个样方）和昆嵛山（1 个样方，本区引种面积较小），日本落叶松样方取自泰山（3 个样方）、蒙山（3 个样方）和昆嵛山（1 个样方，本区引种面积较小）。火炬松和日本落叶松自引种后基本无人为干扰，植物群落处于自然生长和演替状态，为中龄林。样方规格为 20 m×30 m。调查时记录样方海拔、坡度、坡向、经纬度和树木生长状态等环境信息和背景资料[7-8]。

植物物种多样性调查按乔木层、灌木层和草本层划分，分层统计规格为：乔木层，20 m×30 m，1 个；灌木层，10 m×10 m，5 个；草本层，1 m×1 m，5 个。乔木层测量记录所有 DBH（胸径）≥ 5 cm 的木本植物种类、个体数量与每木胸径；灌木层测量记录所有 *DBH* < 5 cm 的木本植物种类、个体数量与每木胸径（高度< 1.3 m 的木本植物实测基径），由于本次调查样地均为中龄林，少有丛生灌木，故实际测量时选择以株为单位。草本层测量记录所有草本植物种类、个体数量与每草高度。[7-8]

主要乔木种群特征和径级结构的分析依托样方内所有木本植物的种类和胸径（高度< 1.3 m 的木本植物实测基径）的测量数据，包括幼苗和幼树，样方规格为 20 m×30 m。

图 3　野外调查

2.2 数据分析

根据判断乔木发展类型的需要[9]，采用径级结构代替龄级结构分析种群格局动态[10]。制作火炬松群落和日本落叶松群落主要乔木种群 *DBH* 等级图。按照"5 cm 级差"和"上限排外"的等级划分规则确定：*DBH* < 2.5 cm 为Ⅰ级，2.5 cm ≤ *DBH* < 7.5 cm 为Ⅱ级，7.5 cm ≤ *DBH* < 12.5 cm 为Ⅲ级，直至 *DBH* ≥ 37.5 cm 为Ⅷ级。

植物物种多样性采用通用指数[7-8,11]，统计分析采用 SPSS 17.0 中文版。在此选用物种丰富度指数（S）、Shannon-Wiener 多样性指数（H）、Simpson 多样性指数（D）和 Pielou 均匀度指数（E）。

$$S = 样方内的植物物种数目；H = -\sum_{i=1}^{s}(P_i \ln P_i)；D-1-\sum_{i=1}^{s}P_i{}^2；E = H/\ln S$$

式中，P_i 为样方内第 i 物种重要值占所有物种总重要值的比例，乔木层和灌木层重要值=（相对显著度＋相对密度＋相对频度）/3，草本层重要值=（相对高度＋相对密度＋相对频度）/3。

3 结果与分析

3.1 群落种类组成

物种组成是植物群落最基本的特征，形成并决定群落的垂直结构和水平结构。火炬松群落有乔木 15 种，日本落叶松群落有乔木 26 种，两群落有 7 种共有乔木，物种组成差别较大但平均胸径无显著差异（$P > 0.05$）（表 1）。火炬松群落中除火炬松占绝对优势外、赤松、栓皮栎、麻栎、山合欢（*Albizia kalkora*）、君迁子（*Diospyros lotus*）等扩散来的树种数量较多，而日本落叶松群落中除日本落叶松占绝对优势外、花楸（*Sorbus pohuashanensis*）、臭椿（*Ailanthus altissima*）、赤松、椴树（*Tilia tuan*）、辽东桤木（*Alnus sibirica*）等扩散来的树种数量较多。

火炬松群落有灌木 29 种，优势种为荆条（*Vitex negundo* var. *heterophylla*）、栓皮栎、君迁子、扁担木（*Grewia biloba*）、盐肤木（*Rhus chinensis*）等；日本落叶松群落有灌木 49 种，优势种为三桠乌药（*Lauraceae obtusiloba*）、胡枝子（*Lespedeza bicolor*）、紫穗槐（*Amorpha fruticosa*）、蒙古栎（*Q. mongolica*）、白檀（*Symplocos paniculata*）等；两群落有 12 种共有灌木，即麦李（*Cerasus glandulosa*）、胡枝子、刺苞南蛇藤（*Celastrus flagellaris*）、君迁子、毛葡萄（*Vitis heyneana*）、紫穗槐、盐肤木、臭椿、刺槐、荆条、麻栎和栓皮栎。

火炬松群落有草本 27 种，优势种为变色白前（*Cynanchum versicolor*）、求米草（*Oplismenus undulatifolius*）、山东茜草（*Rubia truppeliana*）、羽裂黄瓜菜（*Paraixeris pinnatipartita*）等；日本落叶松群落有草本 49 种，优势种为球果堇菜（*Viola collina*）、求米草（*Oplismentls undulatifolius*）、鸭跖草（*Commelina communis*）、透骨草（*Phryma leptostachya*）等；两群落草本组成差别很大，仅有 6 种共有草本木防己（*Cocculus orbiculatus*）、求米草、羽裂黄瓜菜、鸭跖草、透骨草和薯蓣（*Dioscorea polystachya*）。

表 1　火炬松群落和日本落叶松群落乔木种类、个体数量和平均胸径

植物种类	火炬松群落		日本落叶松群落	
	个体数量 / 株	平均胸径 /cm	个体数量 / 株	平均胸径 /cm
火炬松	214	16.89±0.36	0	0
赤松	40	8.4±0.72	17	9.35±0.75
栓皮栎	32	9.03±0.62	1	30.00±0.00
麻栎	31	21.26±1.34	2	19.00±1.00
山合欢	14	6.57±0.45	1	5.50±0.00
君迁子	10	8.20±0.59	1	7.00±0.00
黑松	9	7.11±0.35	8	17.25±1.63
朴树	6	9.17±1.82	0	0
黄檀	5	9.6±1.6	0	0
豆梨	2	12.50±1.50	0	0
刺槐	2	14.50±8.50	0	0
臭椿	1	6.00±0.00	24	11.54±1.12
油松	1	7.00±0.00	4	13.5±0.96
旱柳	1	20.00±0.00	0	0
枫杨	1	31.00±0.00	0	0
日本落叶松	0	0	215	17.93±0.36
花楸	0	0	75	10.59±0.46
椴树	0	0	16	13.63±1.26
辽东桤木	0	0	15	16.53±1.09
槲栎	0	0	14	15.71±0.97
盐肤木	0	0	13	10.92±0.96
杉木	0	0	7	9.29±2.17
水榆花楸	0	0	6	6.17±0.48
湖北山楂	0	0	5	8.20±1.27
白檀	0	0	4	5.00±0.00
蒙古栎	0	0	4	19.5±1.32
花曲柳	0	0	2	5.00±0.00
三桠乌药	0	0	2	5.00±0.00

植物种类	火炬松群落		日本落叶松群落	
	个体数量 / 株	平均胸径 /cm	个体数量 / 株	平均胸径 /cm
华山松	0	0	2	7.00±0.00
山荆子	0	0	2	10.50±2.50
刺楸	0	0	1	8.00±0.00
拐枣	0	01	1	28.00±0.00
山樱花	0	0	1	7.00±0.00
总数 / 平均胸径	369	14.52±0.35	443	14.73±0.29

3.2 群落植株个体密度

火炬松群落的乔木、灌木和草本密度分别为每 100 平方米 15.38±1.84 株、51.50±13.00 株和每平方米 14.38±3.80 株，日本落叶松群落乔木、灌木和草本密度分别为每 100 平方米 10.55±0.97 株、37.07±7.99 株和每平方米 25.45±11.35 株。乔木和灌木植株密度均为火炬松群落＞日本落叶松群落，而草本植株密度则为日本落叶松群落＞火炬松群落（$p > 0.05$）。

3.3 主要乔木的径级结构

乔木的生长状况可通过径级分布表示。火炬松群落中：火炬松种群 DBH 等级呈钟形，为稳定型，但其Ⅰ级幼苗和Ⅱ级幼树的稀缺将会带来潜在风险（图 4a1）；栓皮栎种群 DBH 等级呈明显 L 形（图 4a2），Ⅰ级幼苗和Ⅱ级幼树充沛，为显著增长型；麻栎种群和赤松种群 DBH 等级基本呈 L 形（图 4a3 和图 4a4），Ⅰ级幼苗或Ⅱ级幼树充沛，为增长型。日本落叶松群落中：日本落叶松种群 DBH 等级呈钟形，为稳定型，但其Ⅰ级幼苗的稀缺将会带来潜在风险（图 4b1）；花楸种群 DBH 等级基本呈 L 形（图 4b2），为增长型；栓皮栎种群 DBH 等级呈明显 L 形（图 4b3），Ⅰ级幼苗充沛，为显著增长型；椴树种群 DBH 等级基本呈钟形（图 4b4），为稳定型。

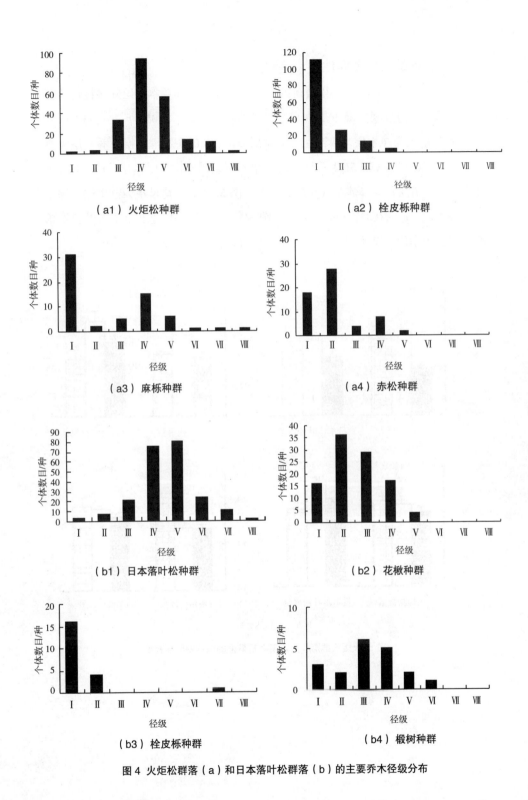

图4 火炬松群落（a）和日本落叶松群落（b）的主要乔木径级分布

3.4 群落的物种多样性

火炬松群落和日本落叶松群落的乔木层、灌木层和草本层层间多样性特征基本一致：S 均呈现为灌木层＞草本层＞乔木层（$p < 0.05$；$p > 0.05$）（图 5A）；H 呈现为灌木层＞草本层＞乔木层（$p > 0.05$）和灌木层＞乔木层＞草本层（$p > 0.05$）（图 5B）；D 呈现为草本层＞灌木层＞乔木层（$p > 0.05$）和灌木层＞乔木层＞草本层（$p > 0.05$）（图 5C）；E 均呈现为草本层＞灌木层＞乔木层（$p > 0.05$；$p < 0.05$）（图 5D）。火炬松群落和日本落叶松群落乔木层、灌木层、草本层 4 种多样性指数均无显著性差异（$p > 0.05$）。

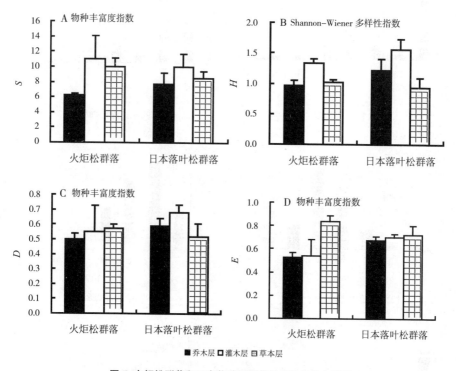

图 5 火炬松群落和日本落叶松群落的植物物种多样性

4 结论与讨论

（1）植物的适生分布区是指该植物适宜生长的区域，其大小、形状、种群丰富度等都是植物与环境长期相互作用的结果[12]。木本植物的繁殖特征诸如扩散、定植、种间相互作用等对于森林生态系统的自我繁衍和物种共存起重要作用[13-14]。火炬松在蒙山引种的 40 余年长势良好，但枝条上未发现成熟的大孢子叶球，林下也没有发现火炬松幼苗；而同期在昆嵛山引种的火炬松枝条上发现了几十个成熟的大孢子叶球（图 6），林下也发现几株火炬松幼苗（图 7）。日本落叶松在泰山、蒙山和昆嵛山引种的 40 余年长势良好，枝条上能发现大量成熟球果（图 8），但林下群落中能自然存活的幼苗（图 9）较为稀少。

（2）森林是一个具有明显空间立体结构的群落，水平和垂直方向上共同的发育过程造就了最终的群落结构与物种组成[15-16]，这往往由物种生态位分化和扩散过程共同决定[16]，并与群落演替动态密切相关[17-18]。从森林层片的角度看，火炬松群落和日本落叶松群落物种丰富度指数灌木层＞草本层＞乔木层，Pielou 均匀度指数草本层＞灌木层＞乔木层，这与山东省内的孔林植物群落[19]相似或一致，而与蒙山植物群落[20]和塔山植物群落[21]不同，这可能暗示相似的外来引种背景造就相似的植物多样性。

（3）经过 40 余年的植被恢复，火炬松群落和日本落叶松群落呈现出良好的演替趋势，群落构建正处于以扩散过程为主的空间占据阶段[16,22]，特别是大量乡土灌木、乔木物种的定居和拓殖对植物群落的组成结构、抗干扰能力及生态效益产生重大影响[18]，火炬松群落演替趋势为火炬松林→针阔混交林→麻栎林或栓皮栎林，日本落叶松群落演替趋势为日本落叶松林→针阔混交林→栓皮栎林或杂木林。

图6 昆嵛山火炬松大孢子叶球　　　　图7 昆嵛山火炬松幼苗

图8 日本落叶松大孢子叶球

图9 昆嵛山日本落叶松幼苗

参考文献

[1] 孙晓梅，张守攻，祁万宜，等．北亚热带高山区日本落叶松造林整地与抚育技术的研究 [J]．林业科学研究，2007, 20（2）：235-240.

[2] 朱红燕，王得祥，柴宗政，等．秦岭西段日本落叶松人工林生长规律研究 [J]．西北林学院学报，2015, 30（1）：1-7.

[3] 孙英杰，赵爱芬．昆嵛山杉木和火炬松种群的自然更新与群落特征 [J]．鲁东大学学报：自然科学版，2010, 26（1）：29-34.

[4] 马少杰，付伟章，李正才，等．泰山南北坡植物物种多样性垂直梯度格局的比较 [J]．生态科学，2010，29（4）：367-374.

[5] 高远，朱孔山，郝加琛，等．山东蒙山 6 种造林树种 40 余年成林效果评价 [J]．植物生态学报，2013, 37（8）：728-738.

[6] 杜宁，王琦，郭卫华，等．昆嵛山典型植物群落生态学特征 [J]．生态学杂志，2007, 26（2）：151-158.

[7] 方精云，沈泽昊，唐志尧，等．"中国山地植物物种多样性调查计划"及若干技术规范 [J]．生物多样性，2004, 12（1）：5-9.

[8] 方精云，王襄平，沈泽昊，等．植物群落清查的主要内容、方法和技术规范 [J]．生物多样性，2009, 17（6）：533-548.

[9] 万慧霖，冯宗炜．庐山常绿阔叶林物种组成及其演替趋势 [J]．生态学报，2008, 28（3）：1147-1156.

[10] 李立，陈建华，任海保，等．古田山常绿阔叶林优势树种甜槠和木荷的空间格局分析 [J]．植物生态学报，2010, 34（3）：241-252.

[11] Tom L, Christina A C. Measuring diversity: the importance of species similarity[J]. Ecology, 2012, 93（3）：477-489.

[12] 祝遵凌，火艳，李燕楠．8 种木本植物分布区预测及适生性分析与景观应用研究 [J]．中南林业科技大学学报，2015, 35（6）：1-6.

[13] Uriarte M, Swenson N G, Chazdon R L, et al. Trait similarity, shared ancestry and the structure of neighborhood interactions in a subtropical

wet forest: implications for community assembly[J]. Ecol. Lett., 2010, 13: 1503-1514.

[14] 王芸芸, 师帅, 蔺菲, 等. 长白山阔叶红松林木本植物繁殖特征及其关联性 [J]. 科学通报, 2014, 59（24）: 2407-2415.

[15] Kanowski J, Catterall C P, Wardell-Johnson G W, et al. Development of forest structure on cleared rainforest land in eastern Australia under different styles of reforestation[J]. Forest Ecol. Manag., 2003, 183: 265-280.

[16] 刘海丰, 薛达元, 桑卫国. 暖温带森林功能发育过程中的物种扩散和生态位分化 [J]. 科学通报, 2014, 59（24）: 2359-2366.

[17] 张殷波, 张峰. 翅果油树群落结构多样性 [J]. 生态学杂志, 2012, 31（8）: 1936-1941.

[18] 程红梅, 田错, 田兴军. 大蜀山孤岛状山体植被演替阶段物种多样性变化规律 [J]. 生态学杂志, 2015, 34（7）: 1830-1837.

[19] 高远, 孟凡旭, 朱孔山, 等. 山东孔林主要植物种群和群落特征研究 [J]. 林业资源管理, 2015（3）: 70-77.

[20] 高远, 慈海鑫, 邱振鲁, 等. 山东蒙山植物多样性及其海拔梯度格局 [J]. 生态学报, 2009, 29（12）: 6377-6384.

[21] 高远, 陈玉峰, 董恒, 等. 50 年来山东塔山植被与物种多样性的变化 [J]. 生态学报, 2011, 31（20）: 5984-5991.

[22] Guariguata M R, Ostertag R. Neotropical secondary forest succession: changes in structural and functional characteristics[J]. Forest Ecol. Manag., 2001, 148: 185-206.

第五节
植物与土壤养分和重金属关系研究

核心素养 🌿

文化基础 / 人文底蕴 / 人文情怀

文化基础 / 科学精神 / 批判质疑

文化基础 / 科学精神 / 勇于探究

社会参与 / 责任担当 / 社会责任

社会参与 / 实践创新 / 问题解决

学习方式 🌿

查阅信息、交流访问、讨论与展示、野外调查、实验分析

主要问题 🌿

1. 如何获得选题灵感?

2. 如何开展一项植物与土壤养分和重金属关系研究?

3. 你感觉野外调查需要做好哪些准备?

4. 请尝试设计一项植物与土壤养分和重金属关系研究课题。

5. 你有什么收获和体会?

受访嘉宾：孟凡旭和林千惠

孟凡旭，男，2016 届课程选修者，主持铬超富集植物与抗性机制研究课题，荣获第 30 届全国青少年科技创新大赛二等奖和第 15 届明天小小科学家奖励活动三等奖，参加第 5 届清洁水空气土壤国际会议做学术报告（马来西亚，英文，15 min），本科自招考入北京理工大学。

林千惠，女，2016 届课程选修者，主持不同植被类型下的土壤肥力恢复特征研究课题，荣获 30 届山东省青少年科技创新大赛一等奖，本科自招考入中国海洋大学。

首先请简单介绍一下你们的课题选题背景和研究概况？

孟凡旭：金银花在我们这里很常见。我的老家是有名的金银花产地，出产金银花茶。所以很早就了解金银花的一些特性。我的爸爸是老师，他有慢性咽炎，经常喝金银花茶配合治疗。我们学校种植有大量的金银花，每到开花时节，我和同学经常去采摘。金银花有清热解毒的功能，当我读到有关土地污染的文章时，马上联想到金银花是否可以给土壤解毒呢？在搜索有关超富集植物的文献时发现世界上已发现的铬超富集植物十分稀少，而铬是全球第二大重金属污染源，治理铬污染已经刻不容缓，所以在想法上向这个方向靠拢，最终确定了自己的选题。

本研究新发现 1 种 Cr 超富集植物金银花，其叶片的平均 Cr（Ⅲ）含量为 1 297.14 mg·kg^{-1}，平均 Cr 富集系数为 5.19，平均 Cr 转运系数为 1.79，为全球第 5 种、中国第 2 种 Cr 超富集植物，为全球首例木本 Cr 超富集植物。本研究发现金银花最高可耐受 3 000 mg·L^{-1} 的极端 Cr（Ⅲ）浓度，是当前世界上 Cr（Ⅲ）耐受性最强的植物，是 Cr 超富集植物李氏禾 60 mg·L^{-1} 极端 Cr（Ⅲ）耐受浓度的 50 倍。本研究支持 Cr 超富集植物李氏禾"草酸分泌会增大 Cr 耐受性，而柠檬酸和苹果酸分泌基本不起作用"论断，共同揭示草酸可能是铬超富集植物共同的耐受性来源。同时本研究还新发现花青素和胡萝卜素分泌会增大 Cr（Ⅲ）耐受性，可能也是铬超富集植物的耐受性来源。

林千惠：暖温带森林是地球上遭受人类干扰最为严重的群落类型之一，人工植被的重建是治理退化山地的重要途径。由此我想到了研究山东地区的次生林和人工林。泰山和蒙山分别以第一高峰和第二高峰成为山东省暖温带森林林区的标志，因此我选择泰山和蒙山为研究对象。不同的植被恢复类型必然影响到土壤结构与矿质营养组成，因此土壤肥力可以作为度量退化生态系统生态功能恢复与维持的关键指标。我了解到已有学者探讨了泰山不同海拔古树下土壤元素含量、蒙山不同树种对改良土壤物理性状的影响、沂蒙山林区不同植物群落下土壤颗粒分形与孔隙结构特征和土壤水分贮存与入渗特征，但有关次生林和人工林的群落恢复与土壤肥力特征的研究未见报道，遂研究。

以泰山和蒙山最为典型的侧柏林、油松林、刺槐林和黑松林、赤松林、栓皮栎林为研究对象，旨在了解植被恢复过程中土壤肥力特性的演变，揭示不同植被恢复林型对土壤质量的影响，以期为该区域的生态恢复与重建提供科学依据，为指导退化山地的恢复实践起到了积极作用。结果显示：① 土壤有机质含量蒙山栓皮栎林 > 泰山油松林 > 蒙山黑松林 > 泰山刺槐林 > 蒙山赤松林 > 泰山侧柏林；土壤全氮含量泰山刺槐林 > 泰山油松林 > 蒙山栓皮栎林 > 蒙山黑松林 > 泰山侧柏林 > 蒙山赤松林；土壤速效磷含量蒙山栓皮栎林 > 泰山油松林 > 蒙山黑松林 > 蒙山赤松林 > 泰山刺槐林 > 泰山侧柏林；土壤速效钾含量泰山油松林 > 蒙山赤松林 > 蒙山栓皮栎林 > 泰山刺槐林 > 蒙山黑松林 > 泰山侧柏林。② 泰山和蒙山的土壤有机质和速效钾无显著差异；泰山土壤全氮显著高于蒙山；而蒙山土壤速效磷极显著高于泰山。③ 以刺槐和黑松为代表的外来种造林的土壤有机质和全氮含量高于以侧柏、油松、赤松和栓皮栎为代表的乡土种造林，而土壤速效磷和速效钾含量则为乡土种造林高于外来种造林。④ 从土壤肥力恢复特征来看，油松林和栓皮栎林为泰山和蒙山植被重建的最佳林型。

你们的研究有什么现实意义？

孟凡旭：我的实验证明了金银花是一种新发现的铬超富集植物。土壤重金属污染是我国环境污染中面积最广、危害最大的环境问题之一，铬是全球第二大重金属污染源，世界上目前发现的铬超富集植物只有寥寥 4 种，即尼科菊、线蓬、互花米草、李氏禾，且这 4 种植物都不适宜在中国大面积种植，金银花属忍冬科的抗逆性较强，适合在我国推广种植，改善土壤治理，也许能对我国治理土壤污染有帮助作用。我的实验除了支持李氏荷"草酸分泌会增大铬耐受性"的论断外，还新发现花青素和胡萝卜素也可能是铬超富集植物耐受性的来源，这为铬超富集植物的研究提供了新的思路。

林千惠：当前资源与环境的矛盾相当突出，森林正遭受人类干扰。然而森林除提供木材和非木质产品，更重要的是，还对维护全球碳平衡、保护生物多样性、保持水土、涵养水源、防风固沙具有重要意义。人工植被重建是目前治理退化山地的重要途径。为保证人工林生态系统的稳定，最大程度地发挥其功能，开展不同植被类型下的土壤肥力恢复研究显得尤为重要。研究这些次生林和人工林的群落恢复与土壤发育，对改造、利用和保护暖温带森林资源具有重要的意义，为退化山地的治理提供科学依据。

你们对自己的研究还有什么进一步的研究设想？

孟凡旭：我的实验主要检测的是叶片中有关指标的含量，是不是金银花成花后花中有关指标的含量也会对耐受性产生影响？我觉得还可以再做一组实验，等待金银花开花后测量指标。

我的研究新发现花青素和胡萝卜素分泌会增大铬耐受性的猜想，是不是这两种物质含量较高的植物都有较好的耐受性？可以再选其他植物实验。

林千惠：如果在研究中增加土壤中的其他成分，如全磷、全钾等，会让我的研究更具说服力。我准备在山东省甚至全国的其他山体开展进一步研究，将我的结论推广。为指导该区域的生态恢复与植被重建，我将把论文寄给当地有关部门。

哪些工作能体现你们的科学态度？

孟凡旭：我能够持之以恒。在进行实验的过程中环境条件比较恶劣，因为夏天户外十分炎热，而实验又是细致的工作，一开始这令我非常的头疼，但是我没有放弃，凭着自己的坚持完成了这个实验，我的坚持其实也源自我对这个实验、对科学研究的热爱。

林千惠：我沉稳细心，耐得住寂寞。平时我喜欢玩拼图，从几百片的玩到几千片的。很多同学觉得枯燥无聊，但我却很享受这种把拼图案颜色分类、通过想象将它们归位的过程。在学校中，数学是我比较喜欢的科目，这个科目要求学生细心准确，这也是我喜欢它的主要原因。做数学题时，我的草稿纸通常是十分工整且有条理的。

我做事有恒心，有毅力。我目前在利用课余时间学习徒手画，第一节课，老师要求在纸上练习排线，虽然枯燥、简单，我却认认真真地练习了一节课，有时我的线条怎么也画不直，我也不放弃，终于在第二节课有了进步。我从三年级开始学习钢琴，我周围的同龄人在升入高中甚至升入初中时便不再学习，但是我却一直坚持到高中二年级，顺利取得十级证书。

我敢于吃苦。在进行野外取样时，住宿条件十分艰苦，每天爬山、做样方的工作量都很大，回到房间还坚持完成研究日记。

在项目研究中你们有什么收获和体会？

孟凡旭： 观察事物细致了。以前妈妈常说我不会观察生活，太粗心。通过这次实验，我的观察能力有了一定的提高。金银花从栽种到成长，不同时期就有不同的变化，只要用心观察，就能看到细微的差别。

做事情有耐心了。高中的学习生活本来就很紧张，这个实验多数是用课余时间做的，尤其是炎热的夏天，有时会感到不耐烦。这时候父母和老师都给了我很大的帮助。这让我认识到做事情仅凭一时的兴趣还是不够的，还要有足够的耐心才行。

体会到做实验的乐趣了。我感觉这次实验的体会是苦并快乐着。当我看着自己亲手种下的金银花慢慢成活长大时，就有一种自豪感；当我穿着白大褂在实验室里时，又觉得很神气，好像自己已经成为科学家了。

林千惠： 通过这次研究工作，我学到了很多野外取样的知识，比如取土样、测量木本植物胸径等的方法，认识了一些乔木。有机会把课堂中学过的典型取样方法运用到实践中，提高了动手能力，对所学内容有了更深的认识。数据记录和分析的过程，让我学到了相关的统计学知识。在与老师合作的过程中，我的沟通和语言表达能力有所进步。这次的野外考察，没有父母的陪伴，让我懂得了独立；没有舒适的住宿环境，让我学会了吃苦；没有总是乘索道的上下山，让我明白了坚持。

哪些例子能显示出你们具有创新意识、思想创新性和好奇心？

孟凡旭： 我有研究探索的精神。在有了实验的想法后，积极设计实验，并完整完成了实验，在实验的过程中出现过许多问题，在这些问题上我进行了深入的思考，比如在配置溶液时，需要分浓度梯度，我就想能不能用一种溶液来配置所有的浓度梯度，最终我的想法得到了老师的认可，我也成功地在这个问题上节省了时间，提高了实验的效率。

我在一些问题上有自己独特的想法。经常和辅导老师讨论一些生活中常见的却没有得到妥善解决的问题，我常常能在想法上打败老师，比如有一次我们讨论开车时系安全带的问题，我提出在安全带的中央处内嵌一个芯片，在经过路口红绿灯或者摄像头时，摄像头上的仪器能够感应到芯片发射的信号，就说明已经系好安全带，反之则没有，这个想法让我自己都有些吃惊，因为我觉得这是个不错的解决驾驶安全问题的方法。

林千惠：我具有创新精神，善于从生活中的细节中找到创新点。我注意到雨后空气的味道清新自然，于是就打算捕捉雨味、分析雨味、再造雨味。通过上网查询资料，整理出了基本的试验步骤。让我高兴的是，在2017年5月份的《环球科学》中，我看到了一篇有关雨水的气味的报道。文章中，来自麻省理工学院的研究者借助高速摄像机，解释了雨后的空气会散发出泥土气味的原因。

你们认为自己还具备哪些成为未来科学家的特质？

孟凡旭：我有良好的适应性。一个优秀的科学家本身必须具有良好的合作精神，有了这种精神，走到哪里都会受到别人的喜爱的。良好的适应性不但包含一个人的合作精神，而且还包含一个人的优良个性——热情、开朗、勤奋、宽容和不计较个人得失。我的整个研究以及在《生态科学》和《林业资源管理》等国内外期刊上发表的论文都是与他人合作，不合作，是不会有大成果的，我也十分感谢和我合作过的科研人员，他们给了我很大的帮助。

我有比较强的责任心。当一个人具有高度的责任心，他就会以苦为乐，充分利用好时间，全心全意地做好自己的工作。作为一个科学家，献身于科学事业，就得有充分的准备，要集中所有的时间和精力来从事自己的专业。我在科学研究上已经付出了不少时间，也做好了全心全意进行科学研究的思想准备。

我有较为扎实的基本功。假如我们要建造一座大楼，我们必须要有一块地，一个坚固的根基，要有钢筋水泥，要有吊车和其他工具，要有各种其他的材料。没有这些材料和工具，你是根本无法建造一座大楼的。在中学的学习无疑是为自己成为未来的科学家打基础，就算知识上有很大的差距，但是我觉得这个基本功是指对学习的一种较好的认识与态度，只有进入了这种状态，我们才能扎实地走好每一步，认真学习，快乐学习。

我还善于发现细微之物。敏锐的洞察力是一个优秀科学家必备的要素之一。这是因为科学研究一般都是对自然现象的观察和分析，所以科学家不但需要细致的观察力，还必须具有通过表面现象看本质的判断力。首先，细致的观察力是第一位的，要能够从物体的细微变化中找出差异。实事求是地说，要是很明显的东西，那肯定早被别人发现了，等不到你来发现。优秀科学家的素质是能够从这些细微的变化中找到差异，并能够将这些差异扩大加倍，从而使之成为明显的不同。在这一点上，缜密的逻辑推理也是很重要的。一个优秀的科学家要具有能运用扎实的知识基本功把观察得来的数据进行严密分析推导并做出适当判断的能力。我对生活中的一些小事都能及时观察到，有时在实验的过程中还会发现一些别人发现不到的细节，这令我十分惊喜。

林千惠：我乐于学习，必要的知识是创新的基础。作为一名未来的科学家，必须要有相关方面的知识储备，这就要求我们善于学习来充实、提高自己。在平时上学期间，我每天都会关注一些科普类的网站，像蝌蚪五线谱网、果壳网等。几乎每天晚自习放学回家后，我都会看一些网络公开课，像网易提供的公开课和可汗学院等，以增加知识储备。通过看这些公开课，我也努力地提高自己的英语水平。从上高中起我开始订阅《环球科学》《博物》《中国国家地理》等杂志，也经常从学校图书室借阅相关刊物。为未来成为科学家做准备，我在学校也努力学习文化科目，学习成绩始终位于前列，并积极参与学科竞赛的学习。

我容易接受新的想法。我很喜欢科学松鼠会（xkcd）中的"what if"一栏中的奇思妙想。我也经常看 TED 演讲，尤其喜欢其中的这句话"Ideas worth spreading"。TED 大会中演讲者的新观点总是给我耳目一新的感觉，有时候甚至产生共鸣。在初中阶段，我曾两次随学校出国，这让我很容易接受"多元化"。

我善于合作。近来，合作成为科技领域反复出现的主题。日常的学校生活也帮助我形成了乐于合作的特点。班级中我们被划分成学习小组，老师会提出问题让我们合作，商讨出答案，我很喜欢这个过程。在为参加山东省的科技创新大赛做准备时，我和辅导老师围绕项目研究展开了合作，在合作过程中，我学到了知识，也提高了与人沟通的能力。

作为一名未来的科学家，我有良好的思想道德修养，这也保证了我日后研究的道德性，这也是我认为作为一名科学家应该具有的品质中的非常重要的一点。

6 种植被类型下的土壤肥力恢复特征研究

【摘要】　本文以泰山和蒙山最为典型的侧柏林、油松林、刺槐林和黑松林、赤松林、栓皮栎林为研究对象，旨在了解植被恢复过程中土壤肥力特性的演变，揭示不同植被恢复林型对土壤质量的影响，以期为该区域的生态恢复与重建提供科学依据，为指导退化山地的恢复实践起到了积极作用。结果显示，① 土壤有机质含量蒙山栓皮栎林＞泰山油松林＞蒙山黑松林＞泰山刺槐林＞蒙山赤松林＞泰山侧柏林；土壤全氮含量泰山刺槐林＞泰山油松林＞蒙山栓皮栎林＞蒙山黑松林＞泰山侧柏林＞蒙山赤松林；土壤速效磷含量蒙山栓皮栎林＞泰山油松林＞蒙山黑松林＞蒙山赤松林＞泰山刺槐林＞泰山侧柏林；土壤速效钾含量泰山油松林＞蒙山赤松林＞蒙山栓皮栎林＞泰山刺槐林＞蒙山黑松林＞泰山侧柏林。② 泰山和蒙山的土壤有机质和速效钾无显著差异；泰山土壤全氮显著高于蒙山；而蒙山土壤速效磷极显著高于泰山。③ 以刺槐和黑松为代表的外来种造林的土壤有机质和全氮含量高于以侧柏、油松、赤松和栓皮栎为代表的乡土种造林，而土壤速效磷和速效钾含量则为乡土种造林高于外来种造林。④ 从土壤肥力恢复特征来看，油松林和栓皮栎林为泰山和蒙山植被重建的最佳林型。

【关键词】　泰山；蒙山；有机质；全氮；速效磷；速效钾

植被的恢复是土壤恢复的前提条件[1]，土壤性质的改善以及土壤质量的改良是植被恢复的重要目标[2]，在自然环境中，没有植被的恢复也就没有土壤肥力的恢复[1]。不同的植被恢复类型必然影响到土壤结构与矿质营养组成，因此土壤肥力可以作为度量退化生态系统生态功能恢复与维持的关键指标。[3] 土壤肥力随植被生长状况发生改变。[4] 植被自然恢复有助于提高土壤肥力，而自然生长起来的植被类型比起引进的物种来说提升效果更显著。[5] 森林土壤肥力是植被和土壤相互作用的结果，林木生长必须从土壤中吸取养分，而又以凋落物的形式归还土壤大量的有机物质，从而影响林下土壤的肥力状况。不同林型凋落量和凋落物的性质不同，养分的归还量也就不同，对林下土壤肥力的影响也各有差异。[6-8] 关于森林植被与土壤环境关系的研究，一直是生态学的一个重要领域。[2]

暖温带森林是地球上遭受人类干扰最为严重的群落类型之一，基于人工植被重建的生态恢复，作为治理退化山地的重要技术途径，在暖温带森林区域得到了广泛的试验和推行。为保证人工林生态系统的稳定，最大程度地发挥其功能，开展不同植被类型下的土壤肥力恢复研究显得尤为重要。研究这些次生林和人工林的群落恢复与土壤发育，对改造、利用和保护暖温带森林资源具有重要的意义。[9] 泰山和蒙山分别以第 1 高峰和第 2 高峰成为山东省暖温带森林林区的标志，已有学者探讨了泰山不同海拔古树下的土壤元素含量[10]、蒙山不同树种对改良土壤物理性状的影响[11]、沂蒙山林区不同植物群落下土壤颗粒分形与孔隙结构特征[12] 和土壤水分贮存与入渗特征[13]。但有关次生林和人工林的群落恢复与土壤肥力特征的研究未见报道，本文以泰山和蒙山为研究样地，旨在了解植被恢复过程中土壤特性的演变，揭示不同植被恢复林型对土壤质量的影响，以期为该区域的生态恢复与重建提供科学依据，为指导退化山地的恢复实践起到了积极作用。

1 材料与方法

1.1 研究区概况

泰山位于山东中部，地理坐标为 36° 05′～ 36° 15′ N、117° 05′～ 117°24′ E，面积 426 km²，主峰海拔 1 545 m。为山东第 1 高峰。山体主要由杂岩－结晶片麻岩和变质花岗岩构成，少量灰岩和砂页岩。土壤类型主要有棕壤、普通酸性棕壤、山地暗棕壤和山地灌丛草甸土 4 类，以普通酸性棕壤为主。气候属暖温带大陆性季风气候，四季分明，光照充足，山顶年平均气温 5.3℃，山脚年平均气温 12.8℃，山顶年均降水 1 125 mm，山脚年均降水 600 mm。属世界文化与自然双重遗产、世界地质公园、全国重点文物保护单位、国家重点风景名胜区和国家 5A 级旅游景区。主要植被为油松（*Pinus tabuliformis*）林、侧柏（*Platycladus orientalis*）林和刺槐（*Robinia pseudoacacia*）林等，森林覆盖率为 81.5%[14]。

蒙山位于山东南部，地理坐标为 35°10′～36°00′ N、117°35′～118°20′ E，面积 1 125 km²，主峰海拔 1 156 m，为山东第 2 高峰。山体表面主要为片麻岩和花岗片麻岩，山脚有石灰岩覆盖。土壤类型以棕壤为主，pH 中性至微酸性。气候属暖温带大陆性季风气候，四季分明，光照充足，年平均气温 13.4℃，年均降水 900 mm。属国家森林公园、国家地质公园、省级重点风景名胜区和国家 5A 级旅游景区。主要植被为黑松（*Pinus thunbergii*）林、赤松（*Pinus densiflora*）林和栓皮栎（*Quercus variabilis*）林等，森林覆盖率 95%[15]。

1.2 研究方法

1.2.1 群落调查与土壤取样

通过询问森林管理部门和林业技术人员，了解泰山和蒙山森林背景信息。采用典型取样法进行林内调查[15-16]，样方规格为 30 m × 20 m。选择的样方林相整齐，能够代表群落的基本特征。分别以泰山和蒙山最为典型的侧柏林、油松林、刺槐林和黑松林、赤松林、栓皮栎林为研究对象。调查时记录样方环境信息，包括样方海拔、坡度、坡向、经度、纬度、树木生长状态和人为干扰情况[16-17]。样方植物群落类型鉴定依据乔木重要值法，测量记录所有胸径（*DBH*）≥ 5 cm 的木本植物种类、个体数量与每木胸径，重要值＝（相对显著度＋相对密度）/2。物种鉴定由曲阜师范大学生命科学学院植物教研室完成。用土钻在每个样方中按 S 型取表层混合土样（ 0 ～ 15 cm）约 1 kg，土样混合均匀并去除植物根系和石块后带回实验室（图 1 ）。

1.2.2 土壤肥力性质的测定

对采集的土壤样品，选取土壤有机质、全氮、速效磷和速效钾 4 个指标进行土壤肥力性质的测定[2-4]。有机质采用重铬酸钾－外加热法测定；全氮采用

图1　泰山土壤肥力恢复特征调查

半微量凯氏定氮法测定；速效磷采用碳酸氢钠浸提－钼锑抗比色法测定；速效钾采用乙酸铵浸提－火焰光度法测定。

1.2.3 数据分析

统计分析采用SPSS 17.0中文版，进行单因素方差分析和差异显著性检验。

2 结果与分析

2.1 土壤有机质

6种林型土壤有机质含量蒙山栓皮栎林＞泰山油松林＞蒙山黑松林＞泰山刺槐林＞蒙山赤松林＞泰山侧柏林。泰山侧柏林土壤有机质均值14.33±1.26 g·kg^{-1}，变动范围为10.15～17.71 g·kg^{-1}；泰山油松林土壤有机质均值24.86±3.20 g·kg^{-1}，变动范围为19.89～37.24 g·kg^{-1}；泰山刺槐林土壤有机质均值21.03±0.98 g·kg^{-1}，变动范围为17.62～23.54 g·kg^{-1}；蒙山黑松林土壤有机质均值 24.00±0.59 g · kg⁻¹，变动范围为 22.00 ～ 25.67 g · kg⁻¹；蒙山赤松林土壤有机质均值 18.16±3.04 g · kg⁻¹，变动范围为 10.23 ～ 25.91 g · kg⁻¹；蒙山栓皮栎林土壤有机质均值 27.86±3.04 g · kg⁻¹，变动范围为 19.79 ～ 33.95 g · kg⁻¹。侧柏林土壤有机质含量显著低于栓皮栎林、油松林、刺槐林和黑松林（$p < 0.01$；$p < 0.05$；$p < 0.01$；$p < 0.01$）（图2A）。

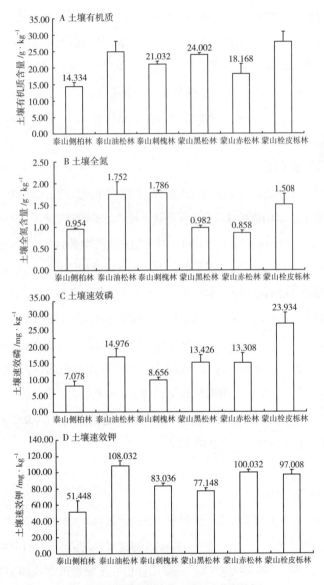

图2 6种植被类型下的土壤肥力恢复特征

2.2 土壤全氮

6种林型土壤全氮含量泰山刺槐林＞泰山油松林＞蒙山栓皮栎林＞蒙山黑松林＞泰山侧柏林＞蒙山赤松林。泰山侧柏林土壤全氮均值 0.95 ± 0.03 g·kg^{-1}，变动范围为 $0.86 \sim 1.03$ g·kg^{-1}；泰山油松林土壤全氮均值 1.75 ± 0.30 g·kg^{-1}，变动范围为 $1.31 \sim 2.91$ g·kg^{-1}；泰山刺槐林土壤全氮均值 1.79 ± 0.06 g·kg^{-1}，变动范围为 $1.65 \sim 1.95$ g·kg^{-1}；蒙山黑松林土壤全氮均值 0.98 ± 0.05 g·kg^{-1}，变动范围为 $0.85 \sim 1.14$ g·kg^{-1}；蒙山赤松林土壤全氮均值 0.86 ± 0.06 g·kg^{-1}，变动范围为 $0.72 \sim 1.04$ g·kg^{-1}；蒙山栓皮栎林土壤全氮均值 1.51 ± 0.26 g·kg^{-1}，变动范围为 $0.86 \sim 2.16$ g·kg^{-1}。刺槐林土壤全氮含量均极显著高于黑松林、侧柏林和赤松林（$p < 0.01$），油松林显著高于赤松林（$p < 0.05$）（图2B）。

2.3 土壤速效磷

6种林型土壤速效磷含量蒙山栓皮栎林＞泰山油松林＞蒙山黑松林＞蒙山赤松林＞泰山刺槐林＞泰山侧柏林。泰山侧柏林土壤速效磷均值 7.08 ± 1.33 mg·kg^{-1}，变动范围为 $3.83 \sim 11.85$ mg·kg^{-1}；泰山油松林土壤速效磷均值 14.98 ± 2.29 mg·kg^{-1}，变动范围为 $6.17 \sim 19.36$ mg·kg^{-1}；泰山刺槐林土壤速效磷均值 8.66 ± 0.77 mg·kg^{-1}，变动范围为 $6.32 \sim 11.16$ mg·kg^{-1}；蒙山黑松林土壤速效磷均值 13.43 ± 2.02 mg·kg^{-1}，变动范围为 $8.41 \sim 17.55$ mg·kg^{-1}；蒙山赤松林土壤速效磷均值 13.31 ± 2.69 mg·kg^{-1}，变动范围为 $6.81 \sim 19.87$ mg·kg^{-1}；蒙山栓皮栎林土壤速效磷均值 23.93 ± 2.98 mg·kg^{-1}，变动范围为 $12.72 \sim 29.40$ mg·kg^{-1}。栓皮栎林土壤速效磷含量显著高于或极显著高于油松林、黑松林、赤松林、刺槐林和侧柏林（$p < 0.05$；$p < 0.05$；$p < 0.05$；$p < 0.01$；$p < 0.01$），油松林显著高于刺槐林和侧柏林（$p < 0.05$；$p < 0.05$），黑松林显著高于侧柏林（$p < 0.05$）（图2C）。

2.4 土壤速效钾

6种林型土壤速效钾含量泰山油松林＞蒙山赤松林＞蒙山栓皮栎林＞泰山刺槐林＞蒙山黑松林＞泰山侧柏林。泰山侧柏林土壤速效钾均值 51.45 ± 14.14 mg·kg^{-1}，变动范围为 $19.88 \sim 96.44$ mg·kg^{-1}；泰山油松林土壤速效钾均值 108.03 ± 6.45 mg·kg^{-1}，变动范围为 $90.04 \sim 129.34$ mg·kg^{-1}；泰山刺槐林土壤速效钾均值

83.04±3.67 mg·kg^{-1}，变动范围为 72.42～95.38 mg·kg^{-1}；蒙山黑松林土壤速效钾均值 77.15±3.68 mg·kg^{-1}，变动范围为 67.59～87.39 mg·kg^{-1}；蒙山赤松林土壤速效钾均值 100.03±3.33 mg·kg^{-1}，变动范围为 89.27～106.25 mg·kg^{-1}；蒙山栓皮栎林土壤速效钾均值 97.01±6.13 mg·kg^{-1}，变动范围为 78.96～113.54 mg·kg^{-1}。油松林和赤松林土壤速效钾含量显著高于或极显著高于刺槐林、黑松林和侧柏林（$p < 0.05$，$p < 0.01$，$p < 0.05$；$p < 0.01$，$p < 0.01$，$p < 0.05$），栓皮栎林显著高于黑松林和侧柏林（$p < 0.05$；$p < 0.05$）（图 2D）。

2.5 两种造林方式的土壤肥力差异

以刺槐和黑松为代表的外来种造林的土壤有机质和全氮含量高于以侧柏、油松、赤松和栓皮栎为代表的乡土种造林（图 3A 和图 3B），分别为 21.31±1.76 g·kg^{-1} 和 22.52±0.73 g·kg^{-1}、1.27±0.13 g·kg^{-1} 和 1.38±0.14 g·kg^{-1}；而土壤速效磷和速效钾含量则为乡土种造林高于外来种造林（图 3C 和图 3D），分别为 14.82±1.77 mg·kg^{-1} 和 11.04±1.29 mg·kg^{-1}、89.13±6.41 mg·kg^{-1} 和 80.09±2.64 mg·kg^{-1}。

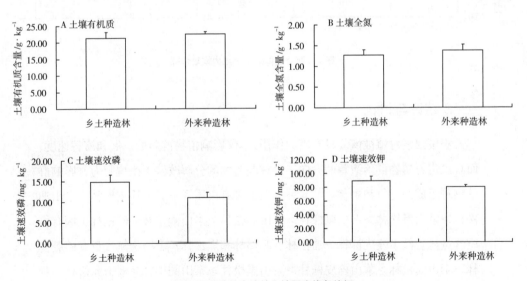

图 3　两种造林方式的土壤肥力恢复特征

2.6 两个山体的土壤肥力差异

泰山和蒙山两者的土壤有机质和速效钾无显著差异（$p > 0.05$）（图 4A 和图 4D），分别为 20.08 ± 1.60 g·kg^{-1}、23.34 ± 1.71 g·kg^{-1}、80.84 ± 7.91 mg·kg^{-1} 和 91.40 ± 3.64 mg·kg-1；泰山土壤全氮显著高于蒙山（$p < 0.05$）（图 4B），分别为 1.50 ± 0.14 g·kg^{-1} 和 1.12 ± 0.11 g·kg^{-1}；而蒙山土壤速效磷极显著高于泰山（$p < 0.05$）（图 4C）分别为 16.89 ± 1.92 mg·kg^{-1} 和 10.24 ± 1.25 mg·kg^{-1}。

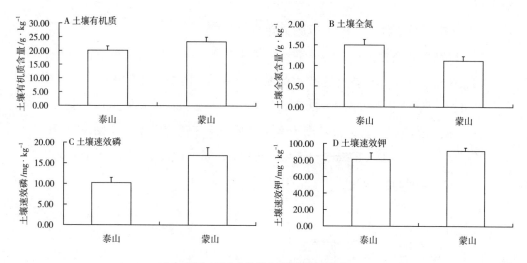

图 4 两个山体的土壤肥力恢复特征

3 结论与讨论

土壤因素对植被恢复具有制约作用,不仅影响植物群落的发展和演替速度,而且决定着植物群落演替的方向。森林凋落物的分解改善了土壤肥力,影响群落物种组成的竞争和更替。[15] 6 种林型土壤有机质含量蒙山栓皮栎林＞泰山油松林＞蒙山黑松林＞泰山刺槐林＞蒙山赤松林＞泰山侧柏林。侧柏林土壤有机质含量显著低于栓皮栎林、油松林、刺槐林和黑松林；土壤全氮含量泰山刺槐林＞泰山油松林＞蒙山栓皮栎林＞蒙山黑松林＞泰山侧柏林＞蒙山赤松林。刺槐林土壤全氮含量均极显著高于黑松林、侧柏林和赤松林,油松林显著高于赤松林；土壤速效磷含量蒙山栓皮栎林＞泰山油松林＞蒙山黑松林＞蒙山赤松林

＞泰山刺槐林＞泰山侧柏林。栓皮栎林土壤速效磷含量显著高于或极显著高于油松林、黑松林、赤松林、刺槐林和侧柏林，油松林显著高于刺槐林和侧柏林，黑松林显著高于侧柏林；土壤速效钾含量泰山油松林＞蒙山赤松林＞蒙山栓皮栎林＞泰山刺槐林＞蒙山黑松林＞泰山侧柏林。油松林和赤松林土壤速效钾含量显著高于或极显著高于刺槐林、黑松林和侧柏林，栓皮栎林显著高于黑松林和侧柏林。

　　以刺槐和黑松为代表的外来种造林的土壤有机质和全氮含量高于以侧柏、油松、赤松和栓皮栎为代表的乡土种造林，而土壤速效磷和速效钾含量则为乡土种造林高于外来种造林，显示外来物种刺槐和黑松人工造林在很大程度上维持和提高了该区域土壤肥力。有研究发现，黑松和刺槐能有效地减少地表径流和土壤侵蚀[18]，显著提高土壤全氮和有机质含量[19]，从而维持了林内较高的土壤肥力恢复格局。

　　泰山和蒙山两者的土壤有机质和速效钾无显著差异，泰山土壤全氮显著高于蒙山，而蒙山土壤速效磷极显著高于泰山。泰山和蒙山人工造林和封山育林40余年，当地林业管理严格有效，水土保持良好，森林覆盖率显著提高，植物物种明显增多，物种组成更加丰富，群落结构更加复杂，土壤微生物和酶的种类和数量也更多，凋落物更易分解，较好的养分归还与养分保蓄能力使其土壤肥力质量更高。因此，在林分改造和植被恢复过程中，适当的人为介入使群落直接进入到更接近该地区的顶级群落类型的演替序列中，如泰山的油松林和蒙山的栓皮栎林，对环境和土壤质量的改善可能更为有利。

参考文献

[1]　杨小波，张桃林，吴庆书.海南琼北地区不同植被类型物种多样性与土壤肥力的关系 [J].生态学报，2002，22（2）：190-196.

[2]　杨宁，邹冬生，杨满元，林仲桂，宋光桃，陈志阳，赵林峰.衡阳紫色土丘陵坡地植被恢复阶段土壤特性的演变 [J].生态学报，2014，34（10）：2693-2701.

[3] 龚霞, 牛德奎, 赵晓蕊, 鲁顺保, 刘苑秋, 魏晓华, 郭晓敏. 植被恢复对亚热带退化红壤区土壤化学性质与微生物群落的影响 [J]. 应用生态学报, 2013, 24 (4): 1094-1100.

[4] 欧芷阳, 苏志尧, 袁铁象, 彭玉华, 何琴飞, 黄小荣. 土壤肥力及地形因子对桂西南喀斯特山地木本植物群落的影响 [J]. 生态学报, 2014, 34 (13): 3672-3681.

[5] 张璐, 文石林, 蔡泽江, 黄平娜. 湘南红壤丘陵区不同植被类型下土壤肥力特征 [J]. 生态学报, 2014, 34 (14): 3996-4005.

[6] 林波, 刘庆, 吴彦, 何海. 森林凋落物研究进展 [J]. 生态学杂志, 2004, 23 (1): 60-64.

[7] 林波, 刘庆, 吴彦, 庞学勇, 何海. 川西亚高山针叶林凋落物对土壤理化性质的影响 [J]. 应用与环境生物学报, 2003, 9 (4): 346-351.

[8] 刘永贤, 熊柳梅, 韦彩会, 谭宏伟, 杨尚东, 农梦玲, 曾艳, 黄国勤, 赵其国. 广西典型土壤上不同林分的土壤肥力分析与综合评价 [J]. 生态学报, 2014, 34 (18): 5229-5233.

[9] 刘海丰, 薛达元, 桑卫国. 暖温带森林功能发育过程中的物种扩散和生态位分化 [J]. 科学通报, 2014, 59: 2359-2366.

[10] 牛庆霖, 冯殿齐, 王玉山, 赵进红, 王晓英, 周光锋, 谢永波, 白朋. 泰山不同海拔古树下土壤元素分析 [J]. 安徽农学通报, 2013, 19 (7): 48-50.

[11] 朱毅, 韩敬. 蒙山不同树种对改良土壤物理性状的影响 [J]. 水土保持研究, 2006, 13 (3): 97-98.

[12] 刘霞, 姚孝友, 张光灿, 胡续礼, Heathman G C. 沂蒙山林区不同植物群落下土壤颗粒分形与孔隙结构特征 [J]. 林业科学, 2011, 47 (8): 31-37.

[13] 王梦军, 张光灿, 刘霞, 姚孝友. 沂蒙山林区不同森林群落的土壤水分贮存与入渗特征 [J]. 中国水土保持科学, 2008, 6 (6): 26-31.

[14] 马少杰, 付伟章, 李正才, 孔维健. 泰山南北坡植物物种多样性垂直梯度格局的比较 [J]. 生态科学, 2010, 29 (4): 367-374.

[15] 高远, 朱孔山, 郝加琛, 徐连升. 山东蒙山 6 种造林树种 40 余年成林效果评价 [J]. 植物生态学报, 2013, 37（8）: 728-738.

[16] 方精云, 沈泽昊, 唐志尧, 王志恒. "中国山地植物物种多样性调查计划" 及若干技术规范 [J]. 生物多样性, 2004, 12（1）: 5-9.

[17] 方精云, 王襄平, 沈泽昊, 唐志尧, 贺金生, 于丹, 江源, 王志恒, 郑成洋, 朱江玲, 郭兆迪. 植物群落清查的主要内容、方法和技术规范 [J]. 生物多样性, 2009, 17: 533-548.

[18] 汪思龙, 陈楚莹. 森林残落物生态学 [M]. 北京: 科学出版社, 2010.

[19] 许明祥, 刘国彬. 黄土丘陵区刺槐人工林土壤养分特征及演变 [J]. 植物营养与肥料学报, 2004, 10（1）: 40-46.

切根对森林土壤重金属含量的短期影响

【摘要】 本研究选择在沂蒙山区典型区域开展定位控制试验，设置切根实验组和原始对照组，探索切根对森林土壤重金属含量的短期影响。结果显示：① 切根处理组土壤有效态铅、有效态镉、总汞、总砷、总镍和总铬含量分别为 1 级、1 级、3 级、1 级、2 级和 3 级；而原始对照组有效态铅、有效态镉、总汞、总砷、总镍和总铬含量分别为 1 级、1 级、3 级、1 级、1 级和 2 级。② 土壤有效态铅、总汞、总镍和总铬含量均呈现为切根处理组高于原始对照组；而有效态镉和总砷含量却呈现为相反的特征，即切根处理组低于原始对照组。③ 森林植物根系是有效态铅、总汞、总镍和总铬的汇，有效态镉和总砷的源。

【关键词】 切根；土壤；重金属；铅；镉；汞；砷；镍；铬

土壤重金属污染是我国环境污染中面积最广、危害最大的环境问题之一[1]。据全国土壤污染状况调查公报[2]披露，全国土壤重金属总超标率高达 16.1%，其中林地超标率为 10.0%，主要污染物为砷镉等。有毒重金属进入土壤，不仅直接破坏土壤理化结构和毒害土壤生态系统，还会间接造成水体污染以及生物富集作用进而危害人体健康[3]，其污染过程具有隐蔽性、滞后性、长期性、积累性、不可逆性和地域差异性的特点[4]。因此，研究重金属污染土壤的路径以及修复机制成为研究热点和迫切需要解决的全球性问题[3]。本研究选择在沂蒙山区典型区域开展定位控制试验，设置切根实验组和原始对照组，探索切根对森林土壤重金属含量的短期影响。

1 材料与方法

1.1 研究样地

本研究在沂蒙山区典型区域——塔山林场开展。塔山林场地处暖温带鲁东南丘陵地区，面积 200 km²，土壤为棕色森林土。本研究先进行野外植物群落结构调查和询问林场技术人员，选取土地利用历史相似、林龄约为 40 年的天然次生林为研究样地，开展定位控制试验。

1.2 研究方法

试验选取 5 块样地，规格为 20 m × 30 m。每块样地内均划出彼此靠近的切根处理组和原始对照组，规格为 1 m × 1 m，所有选取的小样方内均没有乔木。切根处理组为沿小样方四周向地面下挖 1 m 深的壕沟，插入聚乙烯板后再回填，以阻断小样方外根系的进入。原始对照组不进行任何处理。

试验于 2015 年 5 月进行，土壤取样于 2016 年 10 月完成（图 1）。在预设的试验样地样方内随机选取 5 个土钻的土样，土钻直径为 3.5 cm，取样深度为 10 cm，混合为 1 个土样封装带回实验室分析。

图 1 塔山林场野外实验

1.3 测定方法

实验室分析测定土壤 pH、有机质、有效态铅、有效态镉、总汞、总砷、总镍和总铬含量。有效态铅和有效态镉含量的测定依据《中华人民共和国土壤质量检测标准 GB 23739—2009》[5]，采用原子吸收法；总汞、总砷、总镍、总铬的测定依据《中华人民共和国土壤质量检测标准 GB 22105.1—2008》[6]，采用原子荧光法。检测在蒙阴县检验检测中心完成。

1.4 仪器药品

1.4.1 主要仪器

原子吸收分光光度计、原子荧光光度计、铅空心阴极灯、镉空心阴极灯、汞空心阴极灯、砷空心阴极灯、镍空心阴极灯、铬空心阴极灯。

1.4.2 主要药品

盐酸（优级纯）、硝酸（优级纯）、硫酸（优级纯）、DTPA（二乙基三胺五乙酸）、TEA（三乙醇胺）、氯化钙、氢氧化钾（优级纯）、硼氢化钾（优级纯）、重铬酸钾（优级纯）、氯化汞（优级纯）、三氧化二砷（优级纯）、硫脲、抗坏血酸、过氧化氢（优级纯）、焦硫酸钾（优级纯）、高氯酸（优级纯）、碘化钾（优级纯）、抗坏血酸、甲基异丁酮、镉标液、铅标液、汞标液、砷标液、铬标液、镍标液。

1.5 数据分析

统计分析采用 SPSS 17.0 中文版，进行单因素方差分析和差异显著性检验。

2 结果与分析

2.1 土壤重金属等级

根据《中华人民共和国土壤环境质量标准 GB15617—2008》[7] 和《中华人民共和国土壤环境质量标准 GB15618—1995》[8]，切根处理组土壤的有效态铅、有效态镉、总汞、总砷、总镍和总铬含量分别为 1 级、1 级、3 级、1 级、2 级和 3 级；而原始对照组的有效态铅、有效态镉、总汞、总砷、总镍和总铬含量分别为 1 级、1 级、3 级、1 级、1 级和 2 级。切根处理组土壤总镍和总铬比原始对照组高出 1 个等级。

2.2 切根处理对土壤重金属含量的影响

如图 2 所示，土壤 pH、有机质、有效态铅、总汞、总镍和总铬含量均呈现为切根处理组高于原始对照组；而有效态镉和总砷含量却呈现为相反的特征，即切根处理组低于原始对照组。这表明，森林植物根系是有效态铅、总汞、总镍和总铬的汇，有效态镉和总砷的源。

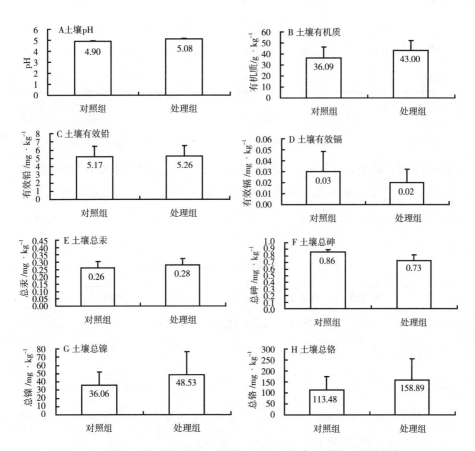

图 2 切根处理对土壤有效铅、有效镉、总汞、总砷、总镍和总铬的影响

2.3 土壤重金属的主成分分析

相关性分析表明，土壤有效铅、有效镉、总汞、总砷、总镍和总铬含量普遍没有显著相关关系，仅土壤有效铅与总砷、有效镉与总汞、总镍与总铬存在显著或极显著相关关系（表1），表明土壤重金属基本为独立存在。

表 1 土壤重金属相关性

	有效铅	有效镉	总汞	总砷	总镍	总铬
有效铅	1.00					
有效镉	0.15	1.00				
总汞	0.32	0.65*	1.00			
总砷	0.72**	0.08	0.08	1.00		
总镍	0.10	−0.08	−0.43	0.02	1.00	
总铬	0.09	−0.10	−0.47	−0.02	0.99**	1.00

*, $p < 0.05$；**, $p < 0.01$

如表 2 所示，土壤重金属第 1、2、3 主成分方差累计贡献率达到91.46%，能反映绝大部分信息；第 1 主成分与土壤总镍和总铬有较大相关性，方差贡献率为 40.79%；第 2 主成分与土壤有效铅和总砷有较大相关性，方差贡献率为 31.11%；第 3 主成分与土壤有效镉和总汞有较大相关性，方差贡献率为 19.56%。

表 2 土壤重金属在主成分分析中的载荷

	有效铅	有效镉	总汞	总砷	总镍	总铬
主成分 1	−0.20	−0.50	−0.81	−0.18	0.84	0.87
主成分 2	0.88	0.32	0.24	0.79	0.41	0.37
主成分 3	−0.24	0.73	0.40	−0.47	0.33	0.32

3 个主成分总的解释力为 91.46%，其中主成分 1、主成分 2 和主成分 3 解释力分别为 40.79%、31.11% 和 19.56%（图 3）。

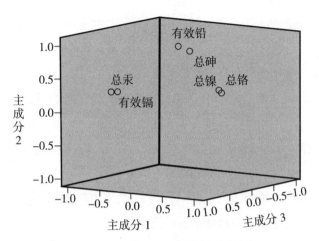

图3　土壤重金属在主成分分析中的成分图

3 结论与讨论

（1）切根处理组土壤有效态铅、有效态镉、总汞、总砷、总镍和总铬含量分别为1级、1级、3级、1级、2级和3级；而原始对照组有效态铅、有效态镉、总汞、总砷、总镍和总铬含量分别为1级、1级、3级、1级、1级和2级。

（2）土壤有效态铅、总汞、总镍和总铬含量均呈现为：切根处理组高于原始对照组；而有效态镉和总砷含量却呈现为相反的特征：切根处理组低于原始对照组。

（3）森林植物根系是有效态铅、总汞、总镍和总铬的汇，有效态镉和总砷的源。

参考文献

[1]　杨红飞, 王友保, 李建龙. 铜、锌污染对水稻土中油菜生长的影响及累积效应研究 [J]. 生态环境学报, 2011, 20（10）: 1470-1477.

致谢: 蒙阴县检验检测中心提供了土壤重金属含量的检测。

[2] 环境保护部和国土资源部. 全国土壤污染状况调查公报 [R]. 2014-4-17.

[3] 张富运, 陈永华, 吴晓芙, 梁希. 铅锌超富集植物及耐性植物筛选研究进展 [J]. 中南林业科技大学学报, 2012, 32（12）: 92-96.

[4] 刘茜, 闫文德, 项文化. 湘潭锰矿业废弃地土壤重金属含量及植物吸收特征 [J]. 中南林业科技大学学报, 2009, 29（4）: 25-29.

[5] 环境保护部和国家质量监督检验检疫总局. 土壤环境质量标准 GB23739—2009 [S]. 中国环境科学出版社, 2009.

[6] 环境保护部和国家质量监督检验检疫总局. 土壤环境质量标准 GB22105.1—2008 [S]. 中国环境科学出版社, 2008.

[7] 环境保护部和国家质量监督检验检疫总局. 土壤环境质量标准 GB15617—2008 [S]. 中国环境科学出版社, 2008.

[8] 环境保护部和国家质量监督检验检疫总局. 土壤环境质量标准 GB15618—1995 [S]. 中国环境科学出版社, 1995.

第二章

健康水体的形成与维持机制探究

第一节
浮游植物多样性与水质评价调查

核心素养 🍃

文化基础 / 人文底蕴 / 人文情怀

　　文化基础 / 科学精神 / 勇于探究

社会参与 / 责任担当 / 社会责任

社会参与 / 实践创新 / 问题解决

学习方式 🍃

查阅信息、交流访问、讨论与展示、野外调查、实验分析

主要问题 🍃

1. 如何获得选题灵感？

2. 如何开展一项区域浮游植物多样性与水质评价研究课题？

3. 你感觉野外调查需要做好哪些准备？

4. 请尝试设计一项区域浮游植物多样性与水质评价研究课题。

5. 你有什么收获和体会？

受访嘉宾：亓树财和苏宇祥

亓树财，男，2008届（首届）课程选修者，主持沂河流域浮游植物多样性课题，获第22届山东省青少年科技创新大赛二等奖，本科考入青岛理工大学。

苏宇祥，男，2008届（首届）课程选修者，主持沂河流域浮游植物评价课题，本科考入山东中医药大学。

请简单介绍一下你们的课题选题背景和研究概况。

苏宇祥：沂河是临沂的母亲河，也是山东省第二大河，水最能体现一座城市的韵味，在建设"大临沂、新临沂"的浪潮中，要把临沂打造成滨水生态城，对沂河水系的开发治理乃是重中之重。于是我在2006年11月至2007年8月，分4个季度对沂河水系进行定点采样，然后在学校实验室用光学显微镜鉴定浮游植物物种，统计相应的实验数据。这是首次对沂河流域水体浮游植物展开的调查，并且应用Shannon-Wiener指数、Marggalef指数、Pielou指数及浮游植物细胞密度评价沂河流域水质。通过调查，共检测出浮游植物181种；水质方面，沂河支流东汶河、涑河水质最好，为清洁－寡污型；沂河干流为寡污－中污型。沂河橡胶坝建成10年，改变了水量时空调配和流速，降低了沂河和祊河的浮游植物物种多样性，但并未产生显著影响。

亓树财：2006年6月，沂河流域暴发了较大规模的蓝藻水华，并在当地引起了不小的轰动，而这在以前是从来没有发生过的事情。我就萌生了想要了解沂河水质状况到底有了什么变化的想法。而所有关于沂河流域的研究主要局限于其分洪河道——新沂河，但涉及沂河流域自然水体水质研究的极少，并从未涉及浮游植物研究。所以我就从浮游植物研究入手来评估沂河水质状况及橡胶坝建成对浮游植物组成的影响。

1997年，沂河中游建成世界最长的橡胶坝，并于2001年被水利部评为首批国家级水利风景区。近年来大型水利工程对水体浮游植物影响及水质评价是一项研究热点，诸如三峡大坝建设和南水北调工程都有不少专家学者评估，而橡胶坝建设却一直没人进行评估。淮河流域水污染防治"十五"计划已将沂河列为重要控制河流，故对沂河流域进行浮游植物调查是十分有必要的。我于2006年7月、10月、11月以及2007年2月、5月和8月，分6次到沂河流域各主要支流及干流进行水体采样，在实验室内使用显微镜进行物种鉴定，参照权威书籍及其他资料对鉴定数据进行整理分析，得到沂河流域整体水质中等、部分河段水质较差、橡胶坝建成后沂河流域中游水体变得更像湖泊而对上游水体影响较小的结论。

哪些工作能体现你们的科学态度？

亓树财：在鉴定物种工作上最能体现出我求实谨慎而有耐心的科学态度。因为鉴定物种是一项相对烦琐的工作，并且要有谨慎的科学态度，在这项工作中，对于每一个物种的鉴定，我都会严格控制每一步的准确性，最后再结合文字和图例进行验证。

苏宇祥：在鉴定颤藻属的小颤藻和巨颤藻时，偶然发现自己将部分样品中的小颤藻误鉴定为巨颤藻。为了保证鉴定结果的真实性，就把已鉴定完的所有水样重新做装片鉴定，对错误结果进行了校正。

在解决问题的过程中你们如何区分"相关证据"和"不相关证据"？

苏宇祥：我所做的研究工作中，藻类的大小对水质评价就是不相关证据，因为藻类的大小并不能反映水质状况，而藻类的多样性、细胞密度对水质评价就是相关证据，因为通过它们可以反映水质状况。

亓树财：在鉴定栅藻属物种时，细胞壁是否具有刺或齿、群体细胞排列状况为"相关证据"；而群体细胞的数量则为"不相关证据"。

在你们对一个问题没有把握或不确定时，你们是否通过试验来得到确切的结论？

亓树财：为了增加装片中的细胞密度，更易于快速鉴定，遂萌生了通过对样品进行离心处理来增加细胞密度的想法，但不知道会不会对鉴定结果产生影响，于是取离心后样品和自然沉淀样品做一组对照实验。实验结果表明，离心后的样品中会出现较多的细胞碎片，而且鉴定物种有所差别，所以最后没有采用离心处理样品。

你解决问题的方法、步骤、策略是什么?

苏宇祥:首先,我会找出问题产生的可能原因,然后设计实验方案,对可能的原因用实验的方法去论证。例如,蒙河秋季水样的细胞密度异常偏高,我就找来指导老师进行重复对比实验,结果证实这个数据没问题,造成该情况的原因是蒙河秋季水流速度基本为零,营养物质沉积累加效应的结果。

哪些思想观点或发明设计引起你的注意? 你做了哪些进一步的探究?

亓树财:显微镜的细准焦螺旋结构引起过我的注意,我们都知道显微镜的调焦部分是由粗准焦螺旋和细准焦螺旋构成,粗准焦螺旋的调动范围较大,细准焦螺旋调动范围却只有几毫米。粗准焦螺旋结构很容易知道是由一个齿轮和一条齿链构成,细准焦螺旋转动许多圈载物台才移动一点点,这让我很好奇。为了进一步探究它的构造,我于是将显微镜拆解开,了解它的内部构造。原来转动细准焦螺旋只会使一水平方向上的滑块在水平方向上移动,然后通过一省力杠杆,使载物台向上移动。载物台向下移动是通过调节杠杆由上部的两个弹簧向下的压力所制致。通过探究,我了解了它的构造,让我记住了这个构思巧妙的设计,开拓了我的视野,扩宽了我的见识。

你有过什么令你兴奋的新奇发现? 你是如何发现它的? 你是否有过或者做过令他人感到新奇的想法或实验? 请描述你的想法或实验以及当时的情形?

苏宇祥:我曾从互联网上搜索到一条令我兴奋的消息——有人发明了"隐身风衣"。一个日本教授使用反光材料做成一件风衣,在风衣里安装了无数摄像头,摄像头将景物拍下后投影到风衣后面,使人眼产生错觉,来达到隐身效果。在电影《哈利·波特》中,哈利·波特有一件神奇的隐身斗篷,能让人瞬时遁形。在和同学看电影时,我向同学提出一个设想——使用现在的纳米技术,做成一种特殊材料,它有特殊的原子排列,能够吸收光线,并使光线绕过材料表面,在材料另一端顺原方向射出,达到隐身的目的。

在学校学习课程之外,你们做了些什么能显示你们的主动性和进取心? 你们是如何做的? 遇到了什么困难? 如何解决的?

亓树财:探究的过程就是一个学习的过程。我喜欢探究一项事物的内部情况和原理,所以我经常去拆一些电器和仪器。因为只有你亲自观察到了它的内部才能了解它的构造和原理。当它们出现小毛病时,我完全可以自己去修理它们。遇到解决不了的问题时，我经常向一些电工等行家请教，还购买了专用工具。我利用已掌握的知识技能，经常到临沂市青少年科技活动室，义务为小朋友们教授技能，指导他们制作小作品。在焊接收音机时曾遇到过烙铁头不易沾锡和焊点不沾锡等情况，我去请教电工，得知是没有使用助焊剂。然后我试验助焊剂的用量，通过实践总结经验，我对电子焊接技能已完全掌握。

苏宇祥：向临沂市科学探索实验室主动争取调查沂河水质状况的科研项目。积极认真、力争完美地完成项目——在鉴定物种时，做到真实可靠、一丝不苟、宁缺毋滥；在查找资料时，同时对比多种资料，以便掌握最可靠的资料；在撰写论文时，参照专家所发表论文，并在后期一步步修改完善，以接近专业水准。遇到的困难也不少，例如，学习任务重，做项目时间偏少；鉴定方面知识不多，鉴定困难度大；没有撰写论文经验，论文初稿条理性偏差。解决方法有：利用中午午休及晚上时间在实验室内高效准确地完成物种鉴定工作，利用周末时间上网查询资料并完成论文撰写；反复阅读藻类学分类书籍，熟悉物种特征及图形，通过检索表并比照文字说明及图形特征来完成物种鉴定工作；寻找到多篇相关学科论文，仿照其格式内容等先写出初稿，再逐渐修改加入自己的见解及特色，最终完成研究论文撰写。

你们是否对你们的研究工作提前制订计划？你们对研究项目整体计划感兴趣还是具体细节？哪些因素影响你们安排工作的先后顺序？出现无法预料的情形时你们是怎么办的？

亓树财：对于研究工作，我都提前制订计划，以确保工作的有条不紊，提高工作效率，正所谓"凡事预则立，不预则废"。我对整个项目更感兴趣，每一个研究环节都那么有吸引力。例如，外出采水让我大开眼界；鉴定物种时看到了藻类形态各异，样子甚是可爱，尤其是当我把它们的种类鉴定出来时，我会感到自己非常具有成就感。工作的难易程度、工作量的大小都会影响安排工作的顺序，我一般会先去做那些难度较大、工作量较大的工作。例如在统计细胞密度时，需要浓缩水样，我就先将水样浓缩（静置沉淀 24 h），在浓缩的过程中，再去做物种鉴定的工作，这会节省很多时间。

苏宇祥：提前制订好研究计划，例如每次外出采样前都会先制订外出计划，确定哪天外出、几点出发、采样顺序以及样品处理和鉴定日程安排。我对项目整体计划更感兴趣，如从最初的仪器准备到外出采集水样，再到实验室处理鉴定，最后到论文撰写的过程中，我都怀着很大的兴趣和积极性去完成。决定外出采集水样日期时要考虑天气、是否有课、采集后是否有足够时间处理鉴定水样等因素；制定外出路线时，要考虑交通状况。在研究过程中曾出现过不可预料的情况，如外出采样时因修桥封闭道路，而无法到达沂河动植物园点，就临时在不远处租借渔船到达采样点采样。

如何评价自己？

亓树财：我是一个非常自信的学生，而且敢于去怀疑，无论是老师说的，还是课本上的内容，对于怀疑的地方我都会去用实验或推理的方法来证明它的对错，这极大地培养了我的自信心。对于不明白或感到新奇的地方，我总喜欢动手观察或查资料弄明白它们，追究到底。我就是要探个究竟，这种作风让我感到了学习的乐趣，并且大大开拓了我的视野，动手的过程中让我的实践能力不断加强。长期担任班干部，让我具备了较强的组织能力和演讲能力。

苏宇祥：我具有比较好的研究能力，能够做到用求真务实的科学精神去完成项目。我做项目时，不怕困难，认真思考去发现不足、不断地完善。我喜爱读书，悟性高，知识面广，对大多数学科都有所涉猎。学习成绩在班级中名列前茅，单科也具有出类拔萃的实力。爱好比较广泛，如跆拳道和书法绘画。性格比较内向沉静，能够沉下心去做事。

你在项目研究中有什么收获和体会？

亓树财：通过研究这个课题让我明白了做任何事都不会一帆风顺，肯定要经历困难与挫折才能成功，我们每个人都应该感谢自己，感谢自己没有被困难击败，感谢自己在经历了一番风雨后成长了许多。我们坚定信心，我们一往无前，让世界听到我们的声音——我们是不可战胜的，我们有的是自信！

沂河流域浮游植物与水质评价

【摘要】 2006 年 7 月至 2007 年 5 月我们首次对沂河流域水体浮游植物展开的周年调查的结果表明，该流域共有浮游植物 7 门 73 属 181 种及变种，以绿藻和硅藻种类最多，其中沂河 7 门 137 种、祊河 7 门 134 种、东汶河 75 种、蒙河 6 门 67 种、涑河 6 门 70 种、柳青河 7 门 80 种。应用污染指示种、污染指示群落和浮游植物综合指数评价沂河流域水质，综合评价其水质分别为：东汶河、涑河、蒙河、祊河和沂河均为 β- 中污，柳青河为 α-β- 中污；水质从优至劣排序为：涑河＞东汶河＞祊河＞沂祊河＞蒙河＞柳青河。橡胶坝建设改变了沂河和祊河的水量时空调配，严重降低了其水流速度，导致浮游植物群落从河流相向湖泊相转变；对东汶河、蒙河、涑河、柳青河四条河流影响相对较小。

【关键词】 沂河流域；浮游植物；污染指示种；污染指示群落；浮游植物综合指数；水质评价

　　大型水利工程对水域生态系统中浮游植物的影响及相应的水质评价是目前的研究热点，比如评估三峡大坝建设[1-4]和南水北调工程[5-6]。沂河是淮河流域中较大的河流，位于山东省南部与江苏省北部（34°23′～36°20′N，117°25′～118°42′E），源自山东省沂源县，至江苏省邳州市吴楼村入新沂河（沂河分洪河道），抵燕尾港入黄海，全长 574 km，流域面积 1.73×10^4 km²。淮河流域水污染防治"十五"计划[7]将沂河列为重要控制河流。1997 年，沂河中游小埠东处建成亚洲最长的橡胶坝，全长 1 135 m，在 2001 年被水利部评为首批国家级水利风景区。橡胶坝建成后，沂河中游水位明显升高，改变了原湿地状态，下游水流量明显减少，部分河段出现长期断流状态。目前对于沂河流域的研究限于其分洪河道——新沂河，如关于人工湿地[8]、植物-微生物系统对污水净化治理[9]和河道稳定塘[10]等方面的研究已有报道，但关于橡胶坝工程对沂河流域浮游植物及相应的水质评价至今尚未见研究报道。我们于 2006 年 7 月至 2007 年 5 月进行了周年调查，据此结果对沂河流域目前水质状况做出初步评价，并对橡胶坝建设对流域浮游植物的影响做出评估。

1 材料与方法

1.1 研究流域概况

沂河流域在地貌上属构造剥蚀堆积平原区，岩性复杂，以灰岩为主，富含岩溶水。流域内年平均降水量 850 mm，年平均水面蒸发量为 1 000 ～ 1 150 mm。小埠东橡胶坝区最大蓄水量为 2.83×10^7 m³，回水面积 10.8 km²。将与沂河桃园橡胶坝、祊河角沂橡胶坝和刘家道口枢纽相连成面积 3.6 km² 的沂蒙湖，蓄水达 1×10^8 m³，沂河主要支流祊河、东汶河、蒙河、涑河、柳青河均在橡胶坝区上游。其中祊河全长 155 km，流域面积 3.38×10^3 km²；东汶河全长 132 km，流域面积 2.43×10^3 km²；蒙河全长 62 km，流域面积 632 km²；涑河全长 60 km，流域面积 262 km²；柳青河全长 34 km，流域面积 258 km²。

1.2 样品采集与鉴定

本次调查（图 1）在沂河、祊河、东汶河、蒙河、涑河、柳青河共设置了 10 个采样点，采样于 2006 年 7 月、10 月、11 月和 2007 年 2 月、5 月共 5 次完成。水样每个采样点采集两份，常规固定，实验室静置沉淀 24 h，在普通显微镜和相位显微镜下将浮游植物鉴定到种。其中一份采用 25# 浮游生物网拖捞，做定性用；另一份为自制采水器直接采水 500 mL，做定量用。500 mL 定量水样先进行 10 倍浓缩后，再进行细胞分类计数统计。

图1 沂河流域调查

2 结果与分析

2.1 浮游植物种类组成

沂河流域共检测出浮游植物7门73属181种及变种,其中沂河7门137种、祊河7门134种、东汶河7门75种、蒙河6门67种、涑河6门70种、柳青河7门80种,整体上沂河流域以绿藻和硅藻种类最多,甲藻和隐藻种类稀少,这些河流的浮游植物常见种季节变化明显,而不同河段在相同季节时的河流间的差异相对较小(图2和表1)

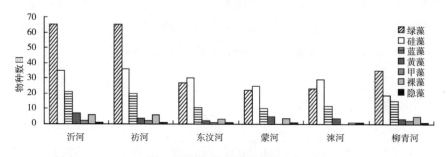

图2 沂河流域浮游植物物种组成

2.2 浮游植物污染指示种

根据国内外学者资料[4-5,11-13]并结合实际,利用浮游植物污染指示种对水质进行评价。沂河流域主要河流中,各级污染指示种共计147种(图3,含同物种对应多种污染指示情况),沂河、祊河、东汶河、蒙河、涑河均为β-中污-寡污,柳青河为α-β-中污;河流水质从优至劣排序为:涑河>东汶河>祊

表 1　不同河流浮游植物常见种季节变化

取样河段	季节	浮游植物常见种
沂河	夏季	集星藻（*Actinastrum hantzschii*）、梅尼小环藻（*Cyclotella meneghiniana*）、煤黑厚藻（*Pleurocapsa fuliginosa*）
	秋季	窗格平板藻（*Tabellaria fenestrata*）、钝脆杆藻（*Fragilaria capucina*）、普通等片藻（*Diatoma vulgare*）
	冬季	梅尼小环藻、扭曲小环藻（*Cyclotella comta*）、啮蚀隐藻（*Cryptomonas erosa*）、尾裸藻（*Euglena caudata*）
	春季	小箍藻、煤黑厚皮藻、球形念珠藻（*Nostoc sphaeroides*）
祊河	夏季	梅尼小环藻、四尾栅藻（*Scenedesmus quadricauda*）、集星藻、水生集胞藻（*Synechocystis aquetilis*）
	秋季	窗格平板藻、普通等片藻、小颤藻（*Oscillatoria tenuis*）、钝脆杆藻
	冬季	梅尼小环藻、啮蚀隐藻、隐头舟形藻（*Navicula cryptocephala*）、小球藻（*Cholrella vulgaris*）
	春季	狭形纤维藻（*Ankistrodesmus angustus*）、梅尼小环藻
东汶河	夏季	煤黑厚皮藻、溪生瘤皮藻（*Oncobyrsa rivularis*）、尾裸藻
	秋季	钝脆杆藻、普通等片藻、小颤藻、大螺旋藻（*Spirulina major*）
	冬季	小颤藻、隐头舟形藻
	春季	小颤藻
蒙河	夏季	集星藻、单角盘星藻具孔变种（*Pediastrum simplex* var. *duodenarium*）
	秋季	普通等片藻、大螺旋藻、小颤藻、为首螺旋藻（*Spirulina princeps*）
	冬季	肘状针杆藻（*Synedra ulna*）、隐头舟形藻、谷皮菱形藻（*Nitzschia palea*）
	春季	球形念珠藻、啮蚀隐藻
涑河	夏季	双对栅藻（*Scenedesmus bijuga*）、二形栅藻（*S. dimorphus*）、单角盘星藻具孔变种
	秋季	窗格平板藻、钝脆杆藻、普通等片藻、绿色黄丝藻（*Tribonema viride*）、尾裸藻
	冬季	小颤藻、梅尼小环藻
	春季	窗格平板藻
柳青河	夏季	煤黑厚皮藻、尾裸藻、四尾栅藻
	秋季	普通等片藻、尾裸藻、水网藻（*Hydrodictyon reticulatum*）
	冬季	尾裸藻
	春季	尾裸藻、啮蚀隐藻

河＞沂河＞蒙河＞柳青河。

2.3 浮游植物污染指示种群

根据郭沛涌等[14]和詹玉涛等[15]利用指示性浮游植物群落划分的污染等级，评价沂河流域水质状况：蓝藻门占 70% 以上，耐污种大量出现为多污带；蓝藻门占 60% 左右，藻类较多为 α- 中污带；硅藻门及绿藻门为优势类群，各占 30% 左右为 β- 中污带；硅藻门为优势类群，占 60% 以上为寡污带。据此标准，沂河、祊河、东汶河和涑河为 β- 中污，蒙河为 α-β- 中污，柳青河为 α- 中污 - 多污；河流水质从优至劣排序为涑河＞东汶河＞沂河＞祊河＞蒙河＞柳青河。参考况琪军等[16]利用浮游植物细胞数量评价水质：细胞密度为 $1×10^6 \sim 9×10^6$ cells·L^{-1} 时水质为寡污 -β- 中污型，$10×10^6 \sim 40×10^6$ cells·L^{-1} 时水质为 β- 中污型，$41×10^6 \sim 80×10^6$ cells·L^{-1} 时水质为 α-β- 中污型，$81×10^6 \sim 99×10^6$ cells·L^{-1} 时水质为 α- 中污型，$\geqslant 100×10^6$ cells·L^{-1} 时水质为 ps 型。评价结果为：涑河和东汶河为 β- 中污，蒙河、祊河、沂河和柳青河为 α-β- 中污。河流水质从优至劣排序为：涑河＞东汶河＞祊河＞蒙河＞沂河＞柳青河（表 2）。

表 2 沂河流域浮游植物平均细胞密度 * ($×10^6$ cells·L^{-1})

采样河段	绿藻		硅藻		蓝藻		隐藻		裸藻		黄藻		甲藻		合计
	密度	百分比/%	密度	百分比/%	密度	百分比/%	密度	百分比/%	密度	百分比/%	密度	百分比/%	密度	百分比/%	密度
沂河	33.20	59.4	6.26	11.2	4.70	8.4	8.38	15.0	1.70	3.0	1.44	2.6	0.09	0.2	55.88
祊河	26.91	63.1	4.26	10.8	2.65	6.2	4.44	10.4	2.69	6.3	0.69	1.6	0.68	1.6	42.68
东汶河	6.31	21.0	13.57	45.1	6.86	22.8	1.62	5.4	0.01	0	0.41	1.4	0	0	30.10
蒙河	11.29	23.0	10.31	21.0	21.6	44.0	5.39	11.0	0.49	1.0	0.07	0.1	0.03	0.1	49.09
涑河	7.33	40.7	7.81	43.3	0.76	4.2	1.78	9.9	0	0	0.36	2.0	0	0	18.03
柳青河	10.85	15.6	6.89	9.9	47.5	68.1	1.16	1.7	3.36	4.8	0	0	0	0	69.76

* 由于 2006 年 7 月部分数据记录缺失，故本数据统计计算时未将其计入。

2.4 浮游植物综合指数

根据胡鸿钧和魏印心[17]和陈椽等[18]利用浮游植物综合指数区分水质污染等级。浮游植物综合指数 =（蓝藻门＋绿藻门＋中心纲硅藻＋裸藻）种数 / 鼓藻目种数。当综合指数值＜1 时为寡污，1～2.5 为寡污 -β- 中污，3～5 为 β-中污，5～20 为 α- 中污。经计算，沂河流域主要河流中，沂河浮游植物综合指数为 6，属 α-β- 中污；祊河为 5.47，属 α-β- 中污；东汶河为 3.67，属 β- 中污；蒙河为 4.75，属 β- 中污；涑河为 4.00，属 β- 中污；柳青河为 19.3，属 α- 中污。河流水质从优至劣排序为东汶河＞涑河＞蒙河＞祊河＞沂河＞柳青河。

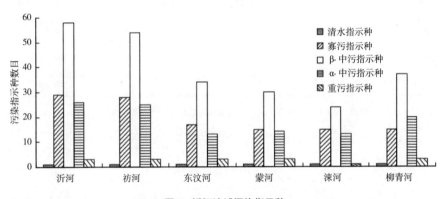

图 3　沂河流域污染指示种

2.5 沂河流域调查样点的理化性质

根据地表水环境质量标准 GB3838—2002，显示沂河水质为 Ⅱ 类～劣 Ⅴ 类，主要影响因素为 COD_{Cr} 指标；祊河水质为 Ⅱ 类～Ⅳ 类，主要影响因素为 COD_{Cr} 指标；东汶河水质为 Ⅱ 类～Ⅲ 类；蒙河水质为劣 Ⅴ 类，COD_{Cr} 和 NH_3-N 指标均超标；柳青河水质为Ⅳ 类～劣 Ⅴ 类，COD_{Cr} 和 NH_3-N 指标均超标。河流水质从优至劣排序为东汶河＞祊河＞沂河＞柳青河＞蒙河（涑河未监测）。该项水质监测排序与我们采用浮游植物各指标评价结果相似，但与蒙河水质偏差明显。原因是在蒙河师古庄段（理化采样点，距离蒙河青驼段——浮游植物采样点 10 km）一处化工厂排放了污水，导致水质变差（表 3）。

表 3 沂河流域部分调查样点的理化性质 *

河流	断面	2006 年 7 月		2006 年 10 月		2006 年 11 月		2007 年 2 月		2007 年 5 月	
		COD_{Cr}	NH_3-N	COD_{Cr}	NH_3-N	COD_{Cr}	NH_3-N	COD_{Cr}	NH_3-N	COD_{Cr}	NH_3-N
沂河	葛沟	23.2	0.74	15.2	0.98	17.1	0.95	35	9.25	67	4.62
沂河	小埠东	19.8	1.1	21.7	0.71	21	0.96	44.8	0.21	49	0.38
	李庄	35	0.69	—	—	—	—	—	—	17	0.38
祊河	麻绪	12.8	0.41	10.3	0.46	10.9	0.44	11	0.52	—	—
祊河	河口	17.6	1.04	9.31	0.22	23.9	0.18	41	0.99	28	0.46
东汶河	黄埠	16.8	0.55	19.3	0.59	14.9	0.16	17.5	0.82	16	0.21
蒙河	师古庄	74.3	3.84	—	—	68.2	7.25	83	3.61	252	15
柳青河	植物园	26.7	1.13	—	—	51.3	3.93	89.4 ·	6.29	55	2.76

* 表示数据未监测，COD_{Cr} 和 NH_3-N 单位均为 $mg \cdot L^{-1}$. 本数据由临沂市环境监测站提供。

3 结论

（1）沂河流域共检测出浮游植物 7 门 181 种及变种，其中沂河 7 门 137 种、祊河 7 门 134 种、东汶河 7 门 75 种、蒙河 6 门 67 种、涑河 6 门 70 种、柳青河 7 门 80 种。整体上沂河流域以绿藻和硅藻种类最多，甲藻和隐藻种类稀少，浮游植物种类和数量季节变化显著。从种类数目上看，沂河和祊河为绿藻 - 硅藻型，东汶河、蒙河和涑河为硅藻 - 绿藻型，柳青河为蓝藻 - 绿藻型。从细胞密度上看，沂河和祊河为绿藻型，东汶河为硅藻型，涑河为硅藻 - 绿藻型，蒙河为蓝藻 - 绿藻型，柳青河为蓝藻型。

（2）应用污染指示种、污染指示群落、细胞密度和浮游植物综合指数评价沂河流域水质状况，评价结果与临沂市环境监测站监测的部分河段理化水质评价基本吻合，显示出这几个指标对沂河水质评价有较强的适用性，其中污染指示种评价吻合度最高，其次为污染指示群落和细胞密度这两种评价指标，而浮游植物综合指数评价吻合度相对差些。水质综合评价排序为涑河 β- 中污＞东汶河 β- 中污＞祊河 β- 中污＞沂河 β- 中污＞蒙河 β- 中污＞柳青河 α-β- 中污。

（3）橡胶坝建设改变了沂河和祊河的水量时空调配，严重降低了水流速度，导致浮游植物群落从河流相向湖泊相转变，对东汶河、蒙河、涑河、柳青河4条河流影响较小。

参考文献

[1] 张远,郑丙辉,刘鸿亮.三峡水库蓄水后的浮游植物特征变化及影响因素[J].长江流域资源与环境,2006,15（2）:254-258.

[2] 周广杰,况琪军,胡征宇,等.三峡库区四条支流藻类多样性评价及"水华"防治[J].中国环境科学,2006,26（3）:337-341.

[3] 况琪军,毕永红,周广杰,等.三峡水库蓄水前后浮游植物调查及水环境初步分析[J].水生生物学报,2005,29（4）:353-357.

[4] 况琪军,胡征宇,周广杰,等.香溪河流域浮游植物调查与水质评价[J].武汉植物学研究,2004,22（6）:507-513.

[5] 张乃群,杜敏华,庞振凌,等.南水北调中线水源区浮游植物与水质评价[J].植物生态学报,2006,30（4）:650-654.

[6] 李运贤,张乃群,李玉英,等.南水北调中线水源区浮游植物[J].湖泊科学,2005,17（3）:219-225.

[7] 中华人民共和国国务院.淮河流域水污染防治"十五"计划[R].中华人民共和国国务院,〔2003〕5号.

[8] 吴建强,黄沈发,阮晓红,等.江苏新沂河河漫滩表面流人工湿地对污染河水的净化试验[J].湖泊科学,2006,18（3）:238-242.

[9] 卢军,张利民,岳强,等.秋冬季节植物-微生物系统治理新沂河效果分析[J].南京农业大学学报,2005,28（3）:58-62.

[10] 唐亮,左玉辉.新沂河河道稳定塘工程研究[J].环境工程,2003,21（2）:75-77.

致谢：临沂市环境监测站提供沂河流域部分调查样点的理化监测资料，中国海洋大学唐学玺教授和董树刚教授审阅本文初稿并提出修改建议，特此致谢！

[11] [捷]B. 福迪 . 藻类学 [M]. 罗迪安 , 译 . 上海 : 上海科学技术出版社 , 1980.

[12] 陈朝阳 , 谢进金 , 卢海声 , 等 . 福建晋江水系浮游植物调查及水质状态的评价 [J]. 中国环境监测 , 2006, 22（5）: 82-84.

[13] 张茹春 , 牛玉璐 , 赵建成 , 等 . 北京怀沙河、怀九河自然保护区藻类组成及时空分布动态研究 [J]. 西北植物学报 , 2006, 26（8）: 1663-1670.

[14] 郭沛涌 , 林育真 , 李玉仙 . 东平湖浮游植物与水质评价 [J]. 海洋湖沼通报 , 1997, 19（4）: 37-42.

[15] 詹玉涛 , 杨昌述 , 范正年 . 釜溪河浮游植物分布及其水质污染的相关性研究 [J]. 中国环境科学 , 1991, 11（1）: 29-33.

[16] 况琪军 , 马沛明 , 胡征宇 , 等 . 湖泊富营养化的藻类生物学评价与治理研究进展 [J]. 安全与环境学报 , 2005, 5（2）: 87-91.

[17] 胡鸿钧 , 魏印心 . 中国淡水藻类——系统、分类及生态 [M]. 北京 : 科学出版社 , 2006.

[18] 陈椽 , 胡晓红 , 刘美珊 , 等 . 红枫湖浮游植物分布（1995 ～ 1996）与水质污染评价初步研究 [J]. 贵州师范大学学报（自然科学版）, 1998, 16（2）: 5-10.

沂河 4 条支流浮游植物多样性季节动态与水质评价

【摘要】　2006 年 11 月至 2007 年 8 月对沂河 4 条支流水体浮游植物展开调查。结果表明：东汶河、蒙河、涑河和柳青河内检测到的浮游植物分别为 75、67、70 和 80 种，浮游植物种类组成和细胞密度季节变化明显。东汶河、蒙河、涑河和柳青河水体浮游植物 Shannon-Wiener 指数分别为 2.97 ～ 3.96、3.05 ～ 3.35、2.86 ～ 4.02 和 1.74 ～ 2.89；Margalef 指数分别为 2.92 ～ 4.42、2.44 ～ 4.03、3.07 ～ 5.38 和 1.23 ～ 2.76；Pielou 指数分别为 0.78 ～ 0.92、0.71 ～ 0.94、0.73 ～ 0.89 和 0.48 ～ 0.90。4 条支流的细胞密度分别为 15.4×10^6 ～ 56.9×10^6、2.8×10^6 ～ 126.4×10^6、9.7×10^6 ～ 31.9×10^6 和 41.7×10^6 ～ 99.6×10^6 cells·L^{-1}。综合水质评价结果显示，东汶河和蒙河为 β-中污型 - 寡污型，涑河为 β- 中污型 - 清洁型，柳青河为 α- 中污型 -β- 中污型。水质从优至劣排序为涑河＞东汶河＞蒙河＞柳青河。东汶河和涑河为温度制约型，蒙河和柳青河为温度和营养盐制约型。

【关键词】　沂河；浮游植物；Shannon-Wiener 指数；Margalef 指数；Pielou 指数；水质评价

当今，大型水利工程对水域生态系统浮游植物影响与水质评价的研究热度不减，如三峡大坝建设[1-3] 和调水工程[4-5]。沂河是淮河流域中较大的河流，位于山东省南部与江苏省北部（34°23′N ～ 36°20′N，117°25′E ～ 118°42′E），源自山东省沂源县，至江苏省邳州市吴楼村入新沂河，抵燕尾港入黄海，全长 574 km，流域面积 1.73×10^4 km^2。国务院淮河流域水污染防治"十五"计划[6]将沂河列为重要控制河流。目前已有对沂河流域浮游植物物种的研究[7]，但关于浮游植物多样性季节动态的研究鲜见报道。为全面评价沂河支流浮游植物多样性，笔者于 2006 年 11 月至 2007 年 8 月按季节进行了取样调查，并依据该结果对沂河 4 条支流（东汶河、蒙河、涑河和柳青河）目前水质状况做出初步评价。

1 材料与方法

1.1 研究流域概况

沂河流域在地貌上属构造剥蚀堆积平原区，岩性复杂，以灰岩为主，富含岩溶水。流域内年平均降水量 850 mm，年平均水面蒸发量 1 000 ～ 1 150 mm。沂河支流中东汶河全长 132 km，流域面积 $2.43×10^3$ km²；蒙河全长 62 km，流域面积 632 km²；涑河全长 60 km，流域面积 262 km²；柳青河全长 34 km，流域面积 258 km²。

1.2 样品采集与鉴定

在沂河支流东汶河（35°262′N，118°236′E）、蒙河（35°248′N，118°172′E）、涑河（35°95′N，118°112′E）和柳青河（35°128′N，118°179′E）设置了 4 个采样点，于 2006 年 11 月（代表秋季）、2007 年 2 月（代表冬季）、5 月（代表春季）和 8 月（代表夏季）在 50 cm 处浅表水层采水 500 mL，用鲁哥氏液固定（图 1）。实验室静置沉淀 24 h，10 倍浓缩后混匀制作装片，0.1 mL 显微镜计数框下统计细

图 1 沂河流域调查

胞数量并换算为细胞密度，普通显微镜和相位显微镜下进行物种鉴定，每片连续观察鉴定约 100 个细胞，分类统计后换算为物种多样性。

1.3 数据分析

选用浮游植物多样性通用计算指标[8-11]，Shannon-Wiener 指数（H），Margalef 指数（D）和 Pielou 指数（J）。Shannon-Wiener 指数对物种的种类数目和种类中个体分配的均匀性依赖程度较高，Margalef 指数对物种的种类数目依赖程度较强，而 Pielou 指数则能很好地反映物种的均匀度[11]。计算公式如下：$H = -\sum Pi \log_2 Pi$；$D = (S-1)/\ln N$；$J = H/\log_2 S$；式中，S 为种类数，N 为同一样品中的个体总数，Ni 为第 i 种的个体数，$Pi = Ni/N$。

2 结果与分析

2.1 浮游植物种类组成

4 条支流检测到的浮游植物数：东汶河 7 门 75 种、蒙河 6 门 67 种、涑河 6 门 70 种、柳青河 7 门 80 种，其中以硅藻和绿藻种类最多，隐藻和甲藻种类稀少（图 2）。从浮游植物种类构成上看，东汶河、蒙河和涑河为硅藻－绿藻型，而柳青河为绿藻－硅藻型。从浮游植物个体所占比例上看，东汶河为硅藻－蓝藻型，蒙河为蓝藻－硅藻型，涑河为绿藻－硅藻型，而柳青河为蓝藻型（表 1）。

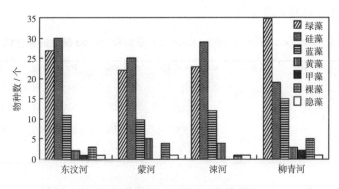

图 2　沂河 4 条支流浮游植物物种组成

表 1 沂河 4 条支流浮游植物平均细胞密度（×10⁶cells·L⁻¹）

采样河段	绿藻		硅藻		蓝藻		隐藻		裸藻		黄藻		密度合计
	密度	百分比/%	密度	百分比/%	密度	百分比/%	密度	百分比/%	密度	百分比/%	密度	百分比/%	
东汶河	5.97	21.2	11.12	39.4	9.35	33.2	1.29	4.6	0.08	0.3	0.38	1.3	28.19
蒙河	8.50	21.8	8.73	22.4	16.79	43.1	4.04	10.4	0.83	2.1	0.05	0.1	38.96
涑河	7.25	38.0	6.68	35.0	3.26	17.1	1.63	8.5	0	0	0.27	1.4	19.09
柳青河	9.44	15.0	7.18	11.4	41.43	66.0	1.92	3.1	2.64	4.2	0.12	0.2	62.73

东汶河常见种：秋季为钝脆杆藻、普通等片藻、小颤藻和大螺旋藻，冬季为小颤藻和隐头舟形藻，春季为小颤藻，夏季为小颤藻和球形念珠藻。蒙河常见种：秋季为普通等片藻、大螺旋藻、小颤藻和为首螺旋藻，冬季为肘状针杆藻、隐头舟形藻和谷皮菱形藻，春季为啮蚀隐藻和球形念珠藻，夏季为舟形藻和球形念珠藻。涑河常见种：秋季为窗格平板藻、钝脆杆藻、普通等片藻、绿色黄丝藻和尾裸藻，冬季为小颤藻和梅尼小环藻，春季为窗格平板藻，夏季为小颤藻和球形念珠藻。柳青河常见种：秋季为普通等片藻、尾裸藻和水网藻，冬季为尾裸藻，春季为尾裸藻和啮蚀隐藻，夏季为小颤藻。

2.2 浮游植物物种多样性

应用 Shannon-Wiener 指数，Margalef 指数和 Pielou 指数评价沂河 4 条支流水质状况，评价标准见表 2[2,12-13]。

表 2 Shannon-Wiener 指数、Margalef 指数和 Pielou 指数的评价标准

Shannon- Wiener 指数	水质类型	Margalef 指数	水质类型	Pielou 指数	水质类型
		> 5	清洁型	> 0.8 ~ 1.0	清洁型
> 3	清洁 – 寡污型	> 4 ~ 5	寡污型	> 0.5 ~ 0.8	清洁 – 寡污型
> 1 ~ 3	β– 中污型	> 3 ~ 4	β– 中污型	> 0.3 ~ 0.5	β– 中污型
0 ~ 1	α– 中污型	0 ~ 3	α– 中污型	0 ~ 0.3	α– 中污型

由图 3 可见，东汶河的 Shannon-Wiener 指数、Margalef 指数和 Pielou 指数、分别为 2.97 ～ 3.96、2.92 ～ 4.42、0.78 ～ 0.92；蒙河的分别为 3.05 ～ 3.35、2.44 ～ 4.03、0.71 ～ 0.94；涑河的分别为 2.86 ～ 4.02、3.07 ～ 5.38、0.73 ～ 0.89；

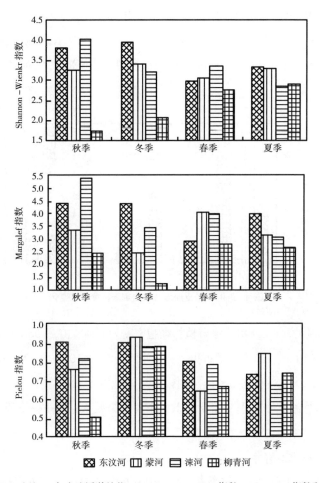

图 3　沂河 4 条支流浮游植物　Shannon -Wienkr 指数，Margalef 指数和
Pielou 指数的季节变化

柳青河的分别为 1.74 ～ 2.89、1.23 ～ 2.76、0.48 ～ 0.90。

　　综合水质评价结果：东汶河和蒙河为 β- 中污型 - 寡污型，涑河为 β- 中污型 -
清洁型，柳青河为 α- 中污型 -β- 中污型。水质从优至劣排序为涑河＞东汶河＞
蒙河＞柳青河。从季节上看，东汶河、蒙河、涑河和柳青河各多样性变化不明
显，符合一般河流规律。

2.3 浮游植物细胞密度

利用浮游植物细胞密度评价水质状况，评价标准参照文献 [12]：细胞密度

在 $1 \times 10^6 \sim 9 \times 10^6$ cells·L^{-1} 时水质为寡污-β-中污型，$10 \times 10^6 \sim 40 \times 10^6$ cells·L^{-1} 时水质为β-中污型，$41 \times 10^6 \sim 80 \times 10^6$ cells·L^{-1} 时水质为α-β-中污型，$81 \times 10^6 \sim 99 \times 10^6$ cells·L^{-1} 时水质为α-中污型，细胞密度≥ 100×10^6 cells·L^{-1} 时水质为 ps 型。

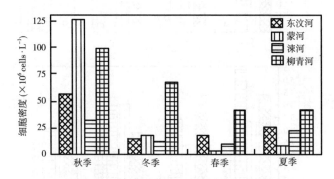

图 4　沂河 4 条支流浮游植物细胞密度季节变化

由图 4 可见，东汶河水体浮游植物细胞密度为 $15.4 \times 10^6 \sim 56.9 \times 10^6$ cells·L^{-1}，蒙河为 $2.8 \times 10^6 \sim 126.4 \times 10^6$ cells·L^{-1}，涑河为 $9.7 \times 10^6 \sim 31.9 \times 10^6$ cells·L^{-1}，柳青河为 $41.7 \times 10^6 \sim 99.6 \times 10^6$ cells·L^{-1}。

浮游植物细胞密度季节变化动态：东汶河为秋季＞夏季＞春季＞冬季，蒙河为秋季＞夏季＞冬季＞春季，涑河为秋季＞夏季＞冬季＞春季，柳青河为秋季＞冬季＞夏季＞春季。

水质评价结果：东汶河为β-中污型-α-β中污型，蒙河为寡污型-β-中污型-ps型，涑河为寡污型-β-中污型-β-中污型，柳青河为α-β-中污型-α-中污型。

3 结论与讨论

沂河 4 条支流的浮游植物种类组成和细胞密度季节变化明显，秋、冬季以硅藻为主，春、夏季则以绿藻占优，整体表现为硅藻－绿藻型，而 Shannon-Wiener 指数、Margalef 指数和 Pielou 指数季节间变化不明显，这与河流型水体 [14-15] 一致，而与水库型水体 [16-17] 相左，表明其水体为河流型。而其 Shannon-Wiener 指数在河流间季节动态差异较大，其中涑河水体浮游植物

Shannon-Wiener 指数为秋季＞春季＞冬季＞夏季，与葡萄牙 Santo Andrredé Lagoon[18]、美国 Crystal Bog[19] 和法国 Intertidal Estuarine-bay[20] 水体较为相似，与英国 Esthwaite Water 水体 [21] 差异较大。

沂河 4 条支流的浮游植物细胞密度季节动态基本呈现出秋、夏季高而冬、春季低的特点，这与已报道的怀沙河 [15]、乌拉圭 Salto Grande[22] 和肯尼亚水库 [23] 相类似，与葡萄牙 Vela 湖 [24] 不同。研究证实 [17]，水温和营养盐是影响浮游植物细胞密度变化的主要因素。东汶河和涑河浮游植物细胞密度秋、夏季高而冬、春季低，水体营养盐含量较低，为典型的温度制约型。蒙河和柳青河浮游植物细胞密度则为秋、冬季高而夏、春季低，水体营养盐含量较高，为营养盐和温度双重制约型。

综合水质评价结果：东汶河和蒙河为 β- 中污型 - 寡污型，涑河为 β- 中污型 - 清洁型，柳青河为 α- 中污型 -β- 中污型。水质从优至劣排序为涑河＞东汶河＞蒙河＞柳青河。东汶河和涑河流域内未见大型工厂，工业污染物排放量少，水质相对较好，建议继续对东汶河和涑河流域内新增工业设施保持严格环境审批准入，防止引入新的污染源。蒙河中游因化工厂排放污水，导致水质变动较大，应尽快建立实时监测水质机制，大力提高化工厂污水处理能力，降低污染物排放量。柳青河为中度污染水体，河流源头附近有一家大型肉制品加工厂，常年排入大量有机污水。鉴于柳青河河道内现已沉积了 20 ～ 50 cm 深的污染淤泥，除应加强对流域内肉制品加工厂污水处理外，还应尽快开展河道疏浚和底泥清淤工作，以杜绝二次污染。

参考文献

[1] 张远, 郑丙辉, 刘鸿亮. 三峡水库蓄水后的浮游植物特征变化及影响因素 [J]. 长江流域资源与环境, 2006, 15（2）: 254-258.

[2] 周广杰, 况琪军, 胡征宇, 等. 三峡库区 4 条支流藻类多样性评价及水

致谢：中国海洋大学唐学玺教授和董树刚教授审阅初稿并提出修改建议！

华防治 [J]. 中国环境科学, 2006, 26（3）: 337-341.

[3]　况琪军, 毕永红, 周广杰, 等. 三峡水库蓄水前后浮游植物调查及水环境初步分析 [J]. 水生生物学报, 2005, 29（4）: 353-357.

[4]　王新华, 纪炳纯, 李明德, 等. 引滦工程上游浮游植物及其水质评价 [J]. 环境科学研究, 2004, 17（4）: 18-24.

[5]　张乃群, 杜敏华, 庞振凌, 等. 南水北调中线水源区浮游植物与水质评价 [J]. 植物生态学报, 2006, 30（4）: 650-654.

[6]　中华人民共和国国务院. 淮河流域水污染防治十五计划 [R]. 北京: 中华人民共和国国务院, 〔2003〕5 号.

[7]　高远, 苏宇祥, 亓树财. 沂河流域浮游植物与水质评价 [J]. 湖泊科学, 2008, 20（4）: 544-548.

[8]　Magurran A E. Ecological diversity and its measurement[M]. New Jersey: Princeton University Press, 1988.

[9]　Whittaker R H. Evolution of measurement of species diversity[J]. Taxon, 1972, 21: 213-251.

[10]　Pielou E C. Ecological diversity[M]. New York: John Wiley, 2006.

[11]　孙军, 刘东艳. 多样性指数在海洋浮游植物研究中的应用 [J]. 海洋学报, 2004, 26（1）: 62-75.

[12]　况琪军, 马沛明, 胡征宇, 等. 湖泊富营养化的藻类生物学评价与治理研究进展 [J]. 安全与环境学报, 2005, 5（2）: 87-91.

[13]　舒俭民, 杨荣金, 孟伟, 等. 空难对湿地浮游植物的影响 [J]. 环境科学研究, 2006, 19（2）: 100-103.

[14]　刘明典, 杨青瑞, 李志华, 等. 沉水浮游植物群落结构特征 [J]. 淡水渔业, 2007, 37（3）: 70-75.

[15]　张茹春, 牛玉璐, 赵建成, 等. 北京怀沙河、怀九河自然保护区藻类组成及时空分布动态研究 [J]. 西北植物学报, 2006, 26（8）: 1663-1670.

[16]　李秋华, 韩博平. 基于 CCA 的典型调水水库浮游植物群落动态特征分析 [J]. 生态学报, 2007, 27（6）: 2355-2364.

[17]　刘霞, 杜桂森, 张会, 等. 密云水库的浮游植物及水体营养程度 [J].

环境科学研究 , 2003, 16（1）: 27-29.

[18] Duarte P, Macedo M F, Dafonseca L C. The relationship between phytoplankton diversity and community function in a coastal lagoon[J]. Hydrobiologia, 2006, 555: 3-18.

[19] Graham J M, Kent A D, Lauster G H, et al. Seasonal dynamics of phytoplankton and planktonic protozoan communities ın a Northern Temperate Humic Lake: diversity in a dinoflagellate dominated system[J]. Microbial Ecology, 2004, 48: 528-540.

[20] Jouenne F, Lefebvre S, Ron V B, et al. Phytoplankton community structure and primary production in small intertidal estuarine bay ecosystem（Eastern English Channel, France）[J]. Mar. Biol., 2007, 151: 805-825.

[21] Madgwick G , Jones I D , Thackeray S J, et al. Phytoplankton communities and antecedent conditions: high resolution sampling in Esthwaite Water[J]. Freshwater Biology, 2006, 51: 1798-1810.

[22] Chalar G. The use of phytoplankton patterns of diversity for algal bloom management[J]. Limnologica, 2009, 39（3）: 200-208.

[23] Francis M, Kenneth M M, Wellington N W. Biodiversity characteristics of small high-altitude tropical man-made reservoirs in the Eastern Rift Valley, Kenya[J]. Lakes and Reservoirs: Research and Management, 2002（7）: 1-12.

[24] Abrantes N, Antunes S C, Pereir M J, et al. Seasonal succession of cladocerans and phytoplankton and their interact ions in a shallow eutrophic lake（Lake Vela, Portugal）[J]. Acta Oecologica, 2006, 29: 54-64.

沂河和祊河浮游植物多样性季节动态与水质评价

【摘要】 评价沂河和祊河水质状况，提供流域综合治理的浮游植物依据，2006 年 11 月至 2007 年 8 月，对沂河和祊河水体浮游植物展开调查。沂河和祊河水体浮游植物 Shannon-Wiener 多样性各为 2.20 ～ 3.32 和 2.58 ～ 3.64，Margalef 多样性各为 2.34 ～ 4.31 和 2.14 ～ 4.16，Pielou 多样性各为 0.60 ～ 0.77 和 0.76 ～ 0.86，细胞密度各为 2.43×10^7 ～ 6.25×10^7 cells·L^{-1} 和 2.78×10^7 ～ 5.89×10^7 cells·L^{-1}。沂河和祊河均为寡污 -β- 中污型，祊河水质略优于沂河。水温、氨氮和流速为制约沂河和祊河浮游植物多样性和细胞密度变化的重要影响因素。沂河和祊河水体正由河流型向湖泊型转变。

【关键词】 沂河；祊河；浮游植物；水质评价

浮游植物既是水生态系统的一部分[1]，自身又受水环境演变直接影响[2]，大型水利工程往往会改变水体浮游植物种类组成与群落结构[3]。沂河是淮河流域中较大的河流，位于山东省南部与江苏省北部（34°23′N ～ 36°20′N，117°25′E ～ 118°42′E），源自山东省沂源县，至江苏省邳州市吴楼村入新沂河，抵燕尾港入黄海，全长 574 km，流域面积 1.73×10^4 km²。[4]淮河流域水污染防治"十五"计划[5]将沂河列为重要控制河流。祊河为沂河主要支流，全长 155 km，流域面积 3.38×10^3 km²。1997 年，沂河中游小埠东处建成亚洲最长的橡胶坝，全长 1 135 m，2001 年，其被水利部评为首批国家级水利风景区[4]，先后建成的沂河柳杭橡胶坝、桃园橡胶坝、小埠东橡胶坝区、刘家道口、李庄拦河闸与祊河角沂橡胶坝连成一体，回水总长度达 72.3 km，改变了河流原湿地状态。

目前已有对沂河流域浮游植物物种的研究[4,6]，但尚未见涉及沂河和祊河浮游植物多样性季节动态的报道。笔者于2006年11月至2007年8月按季节进行了取样调查，针对浮游植物监测数据进行了探讨，对浮游植物种群结构的特征及其多样性进行分析，并据此结果对沂河与祊河水质状况做出初步评价，为沂河流域的综合治理提供浮游植物依据。

1 材料与方法

1.1 样点概况

本次调查在沂河和祊河共设置了6个采样点，按季度于2006年11月（秋季）和2007年2月（冬季）、5月（春季）和8月（夏季）完成。沂河葛沟、临沂和李庄采样点水深约2 m，祊河麻绪和花园采样点水深约1 m，河口采样点水深约2 m，采样处均无支流和污水汇入，水质较稳定。

1.2 样品处理

0.5 m水深处亚表层采水0.5 L，鲁哥氏液固定。实验室静置沉淀24 h，10倍浓缩后混匀制作装片，0.1 mL显微计数框下统计细胞数量并换算为细胞密度。物种鉴定于普通显微镜和相位显微镜进行下，每片连续观察约100个细胞，分类统计后换算为物种多样性[7]。文中沂河数据为采样点葛沟、临沂和李庄各多样性平均值，祊河数据为采样点麻绪、花园和河口各多样性平均值。

1.3 数据分析

采用浮游植物多样性通用计算指标[8-9]，Shannon-Wiener指数（H），Margalef指数（D）和Pielou指数（J）。计算公式如下：$H = -\sum P_i \log_2 P_i$；$D = (S-1)/\ln N$；$J = H/\log_2 S$。式中：S为种类数，N为同一样品中的个体总数，N_i为第i种的个体数，$P_i = N_i/N$。

2 结果与分析

2.1 浮游植物种类组成

本次调查在沂河和祊河各检测出浮游植物 7 门 137 种和 7 门 134 种，两河均以绿藻和硅藻种类最多，甲藻和隐藻种类稀少，常见种季节变化明显，秋、冬季以硅藻为主，春、夏季则绿藻占优，整体表现为绿藻－硅藻型[4]。沂河常见种：秋季为窗格平板藻、钝脆杆藻和普通等片藻，冬季为梅尼小环藻、扭曲小环藻、啮蚀隐藻和尾裸藻，春季为小箍藻和煤黑厚皮藻，夏季为集星藻、梅尼小环藻和煤黑厚皮藻。祊河常见种：秋季为窗格平板藻、普通等片藻、小颤藻和钝脆杆藻，冬季为梅尼小环藻、啮蚀隐藻和隐头舟形藻，春季为狭形纤维藻和梅尼小环藻，夏季为梅尼小环藻、四尾栅藻、集星藻、水生集胞藻。

2.2 浮游植物细胞密度

参考评价标准[6,10]，利用浮游植物细胞密度评价水质状况。沂河浮游植物细胞密度为 $2.431×10^7 \sim 6.250×10^7$ cells · L^{-1}，祊河为 $2.778×10^7 \sim 5.888×10^7$ cells · L^{-1}，年内均值沂河（$4.799×10^7$ cells · L^{-1}）＞祊河（$3.896×10^7$ cells · L^{-1}）。水质评价结果为：祊河和沂河水质均为 β- 中污 -α-β- 中污型，祊河水质略优于沂河。沂河浮游植物细胞密度季节动态为 5 月＞ 11 月＞ 2 月＞ 8 月，祊河为 11 月＞ 5 月＞ 2 月＞ 8 月（图 1）。

2.3 浮游植物群落多样性

参考评价标准[6,10]，应用 Shannon-Wiener 指数、Margalef 指数和 Pielou 指数评价沂河流域水质状况。沂河和祊河水体浮游植物 Shannon-Wiener 多样性各在 2.20 ～ 3.32 和 2.58 ～ 3.64，评价结果为：两者均为清洁 - 寡污 -β- 中污型。Margalef 多样性沂河和祊河各为 2.34 ～ 4.31 和 2.14 ～ 4.16，评价结果为：两者均为寡污 -β- 中污型。Pielou 多样性沂河和祊河各为 0.60 ～ 0.77 和 0.76 ～ 0.86，评价结果为：两者均为清洁－寡污型。综合水质评价结果为：沂河和祊河均为寡污 -β- 中污型，祊河水质略优于沂河。

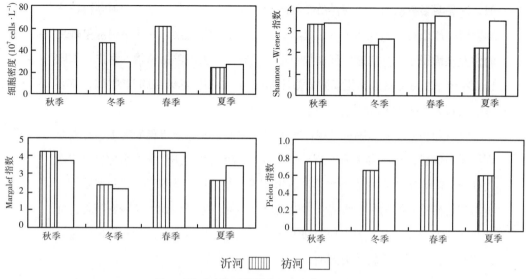

图 1　沂河和祊河浮游植物细胞密度 Shannon-Wiener
指数、Margalef 指数和 Pielou 指数的季节变化

沂河浮游植物 Shannon-Wiener 指数季节动态为 5 月＞ 11 月＞ 2 月＞ 8 月，祊河为 5 月＞ 8 月＞ 11 月＞ 2 月。沂河和祊河浮游植物 Margalef 指数季节动态均为 5 月＞ 11 月＞ 8 月＞ 2 月。沂河浮游植物 Pielou 指数季节动态为 5 月＞ 11 月＞ 2 月＞ 8 月，祊河为 8 月＞ 5 月＞ 11 月＞ 2 月（图 1）。

3 结论与讨论

用浮游植物 Shannon-Wiener 指数、Margalef 指数、Pielou 指数和细胞密度 4 项指标评价沂河和祊河水质状况，细胞密度和 Margalef 多样性季节间变化幅度较大，而 Pielou 多样性变化幅度较小。评价结果基本吻合：祊河和沂河均为寡污 -β- 中污型，祊河水质略优于沂河。其中沂河浮游植物 Shannon-Wiener 多样性季节变化与瑞典 Norrviken 湖 [11]、瑞士 Rosensee 湖 [12] 和宁夏鹤泉湖 [13] 非常相似，而上述 3 个湖泊均为中富营养化湖泊。

浮游植物细胞密度季节动态沂河为春、秋季高而冬、夏季低，祊河为秋、春季高而冬、夏季低，这与怀沙河 [14]、密云水库 [15]、苏州河 [16] 和肯尼亚 [17] 呈现出夏、秋季高而冬、春季低的特点相左，而与沅水 [18] 和福建晋江 [19] 相类似，这表明影响沂河和祊河浮游植物的制约因素并非仅是温度。两河浮游植物细胞密度最低谷均出现在 8 月，这与该流域夏季普降暴雨、水流量暴涨呈现出的营养盐稀释效果和流速明显加快双重影响有关。沂河浮游植物 5 月出现细胞密度峰值，这与中富营养化湖泊葡萄牙 Vela 湖[20] 和江苏天目湖[21] 类似，首要影响因素为 NH_3-N 营养盐。

沂河和祊河浮游植物种类组成季节变化明显，秋冬季以硅藻为主，春夏季则绿藻占优势，整体表现为绿藻 - 硅藻型[4]。河流型水体浮游植物种类组成多为硅藻 - 绿藻型[14,18]，水库型水体浮游植物种类组成则多为绿藻 - 硅藻型[15,22,23]。沂河和祊河浮游植物种类组成与水库吻合而与河流差异较大，这表明随着沂河和祊河各种橡胶坝等水利工程的梯级开发，长期大量拦蓄径流量和降低流速，已使水体正由河流型转变为湖泊型。

参考文献

[1] Kiplagat K Lothar, K F Rancis. M M. Temporal changes in phytoplankton structure and composition at the Turkwel Gorge Reservoir[J]. Hydrobiologia, 1998, 368: 41-59.

[2] 郭劲松, 陈杰, 李哲, 等. 156 m 蓄水后三峡水库小江回水区春季浮游植物调查及多样性评价 [J]. 环境科学, 2008, 29（10）: 2710-2715.

[3] 张远, 郑丙辉, 刘鸿亮. 三峡水库蓄水后的浮游植物特征变化及影响因素 [J]. 长江流域资源与环境, 2006, 15（2）: 254-258.

[4] 高远, 苏宇祥, 亓树财. 沂河流域浮游植物与水质评价 [J]. 湖泊科学, 2008, 20（4）: 544-548.

[5] 中华人民共和国国务院. 淮河流域水污染防治十五计划 [R]. 中华人民共和国国务院,〔2003〕5 号.

[6] 高远, 慈海鑫, 亓树财, 等. 沂河 4 条支流浮游植物多样性季节动态与水质评价 [J]. 环境科学研究, 2009, 22（2）: 176-180.

[7] 国家环境保护总局水和废水监测分析方法编委会. 水和废水监测分析

方法 [M]. 第 4 版 . 北京 : 中国环境科学出版社 , 2002, 650-653.

[8] Whittaker R H. Evolution of measurement of species diversity[J]. Taxon, 1972, 21: 213-251.

[9] 孙军 , 刘东艳 . 多样性指数在海洋浮游植物研究中的应用 [J]. 海洋学报 , 2004, 26（1）: 62-75.

[10] 况琪军 , 马沛明 , 胡征宇 , 等 . 湖泊富营养化的藻类生物学评价与治理研究进展 [J]. 安全与环境学报 , 2005, 5（2）: 87-91.

[11] Tinnberg L. Phytoplankton diversity in Lake Norrviken 1961-1975[J]. Holarctic Ecology, 1979, 2: 150-159.

[12] Elber F, Schanz F. The causes of change in the diversity and stability of phytoplankton communities in small lakes[J]. Freshwater Biology, 1989, 21: 237-251.

[13] 梁文裕 , 王俊 , 王志山 , 等 . 宁夏鹤泉湖浮游植物现状及水质评价 [J]. 宁夏大学学报（自然科学版）, 2001, 22（4）: 426-429.

[14] 张茹春 , 牛玉璐 , 赵建成 , 等 . 北京怀沙河、怀九河自然保护区藻类组成及时空分布动态研究 [J]. 西北植物学报 , 2006, 26（8）: 1663-1670.

[15] 杜桂森 , 王建厅 , 武殿伟 , 等 . 密云水库的浮游植物群落结构与密度 [J]. 植物生态学报 , 2001, 25（4）: 501-504.

[16] 覃雪波 , 黄璞祎 , 刘曼红 , 等 . 安邦河湿地浮游植物数量与环境因子相关性研究 [J]. 海洋湖沼通报 , 2008,（3）: 43-52.

[17] Mwaura F, Mavuti K M, Wamicha W N. Biodiversity characteristics of small high- altitude tropical man- made reservoirs in the Eastern Rift Valley, Kenya[J]. Lakes & Reservoirs: Research & Management, 2002, 7: 1-12.

[18] 刘明典 , 杨青瑞 , 李志华 , 等 . 沉水浮游植物群落结构特征 [J]. 淡水渔业 , 2007, 37（3）: 70-75.

[19] 陈朝阳 , 谢进金 , 卢海声 , 等 . 福建晋江水系浮游植物调查及水质状态的评价 [J]. 中国环境监测 , 2006, 22（5）: 82-84.

[20] Abrantes N, Antunes S C, Pereira M J, et al. Seasonal succession of cladocerans and phytoplankton and their inter actions in a shallow eutrophic lake (Lake Vela, Portugal) [J]. Acta Oecologica, 2006, 29: 54-64.

[21] 张运林, 陈伟民, 周万平, 等. 2001～2002年天目湖（沙河水库）浮游植物的生态学研究 [J]. 海洋湖沼通报, 2006,（4）: 31-37.

[22] 李秋华, 韩博平. 基于CCA的典型调水水库浮游植物群落动态特征分析 [J]. 生态学报, 2007, 27（6）: 2355-2364.

[23] 王艳玲, 冯静, 李建国, 等. 产芝水库的浮游植物与水体水质评价 [J]. 海洋湖沼通报, 2008,（4）: 85-90.

第二节
河流湖泊水体对大型水利工程的响应调查

核心素养 ✌

文化基础 / 人文底蕴 / 人文情怀

文化基础 / 科学精神 / 批判质疑

文化基础 / 科学精神 / 勇于探究

社会参与 / 责任担当 / 社会责任

社会参与 / 实践创新 / 问题解决

学习方式 ✌

查阅信息、交流访问、讨论与展示、野外调查、实验分析

主要问题 ✌

1. 如何获得选题灵感？

2. 如何开展一项大型水利工程水体影响评价研究课题？

3. 你感觉野外调查需要做好哪些准备？

4. 请尝试设计一项大型水利工程水体影响评价研究课题。

5. 你有什么收获和体会？

受访嘉宾：张建东

张建东，男，2010 届课程选修者，主持京杭运河改道对微山湖水体影响研究课题，获第 24 届山东省青少年科技创新大赛二等奖，受邀参加第十三届世界湖泊大会交流展示其研究成果，本科考入山东科技大学。

首先向同学们阐述一下你的研究项目？

张建东：2008 年 11 月至 2009 年 4 月，我们通过对微山湖采样点水样综合多项指标的分析与对比，旨在研究运河航道与原始湖区的水质差异。结果表明，京杭运河改道对微山湖产生了一定影响。运河航道叶绿素 a 含量低于原始湖区，且原始湖区的叶绿素 a 含量更加稳定；从 TN 和 TP 整体水平看，湖区水体 P 营养盐缺乏，为 P 限制性。

你的选题是如何产生的？

张建东：2008 年 7 月，我们到微山湖旅游，了解到京杭大运河微山湖段经挖掘加深已成为京杭运河主航道，于是对"京杭大运河改道后对微山湖水质产生了什么样的影响"产生了浓厚的兴趣。回校后我们便成立了研究小组。

研究过程中遇到的最大的困难是什么？

张建东：研究过程中我们遇到的最大困难是必须从头学习使用那些科学仪器，规范每一个细节。这和我们平时的学习生活差别很大，我们必须严谨才能保证科学研究的正确性。正是由于我们不了解 721 型分光光度计的使用，错误的调零致使第一次数据测算失败。失败的教训很惨痛，失败的代价很高昂，重新取样和化验分析费用多达 1 200 元。这一次的失败使我们更加严谨地完成了以后的研究工作。成功就是这样，往往都是和错误相伴前行，失败让我们更加进步。

研究过程中有何感受？

张建东：我们既尝到了失败的滋味，又体会到了成功的喜悦。回想起活动伊始的种种困难都让我们克服了，现在感觉很有成就感。从刚开始的什么都不会到现在的熟练掌握，我们收获了很多，学到了很多课外知识，增长了自己的见识。通过研究这个课题，我明白了许多道理，做任何事情都不会一帆风顺，肯定要经过困难和挫折，比如我们采集水样的失败、数据的失误等。但是，只要努力奋斗就会克服困难。在论文完成的那一刻，我们知道所有的付出都是值得的，我们没有让自己失望，包含心血的成果在我们的努力下完成，让我们有理由相信我们是最棒的，因为我们全力以赴。挫折与失败还算什么，因为我们相信青春无悔。

沭河古道水生浮游植物多样性

【摘要】 目的：现场观察水生植物，采集水样实验室观测藻类群落结构特征、细胞密度和物种多样性，体验和展示沭河古道水生植物现状，为临沂湿地水环境保护、维持和治理提供科学依据和决策咨询。实施：2016 年笔者在沭河古道现场采集水样 5 组，每组水样 1 L 带回实验室分析。建议：① 加强沭河古道渔业管理，科学适度地养殖，限制人工养鹅和网箱养殖规模，适量投放鲢鱼和鳙鱼。② 优化沭河古道的水道格局和功能，实施沭河与沭河古道的联通，定时开闸放水，保持水流通畅，从而改善水环境。

【关键词】 沭河古道；浮游植物；藻类

1 研究提出

生态文明是以人与自然、人与人、人与社会和谐共生、良性循环、全面发展、持续繁荣为基本宗旨的文化伦理形态。从人与自然和谐的角度，生态文明是人类为保护和建设美好生态环境而取得的物质成果、精神成果和制度成果的总和，是贯穿于经济建设、政治建设、文化建设、社会建设全过程和各方面的系统工程，反映了一个社会的文明进步状态。

党的十八大把生态文明建设纳入中国特色社会主义事业"五位一体"总体布局，强调建设生态文明是关系人民福祉、关乎民族未来的长远大计，必须树立尊重自然、顺应自然、保护自然的生态文明理念，把生态文明放在突出地位，融入经济建设、政治建设、文化建设、社会建设各方面和全过程，努力建设美丽中国，实现中华民族永续发展。

沭河古道位于临沂市临沭县西南部，距临沭县城 15 km。古道北起大官庄水利枢纽工程人民胜利堰，南至清泉寺闸，全长 14.25 km，水深 3 ～ 5 m，最宽处达 300 m。河道水路弯弯，芦苇丛丛，水鸟聚集，自然风光秀丽迷人，有"中国北方漓江"和"鲁南第一水乡"的美誉。本科技活动以沭河古道为活动对象，现场观察水生植物，采集水样实验室观测藻类群落结构特征、细胞密度和物种多样性，体验和展示沭河古道水生植物现状，激发爱护水环境的意识，为临沂湿地水环境保护、维持和治理提供科学依据和决策咨询。

2 研究目标

（1）广泛宣传水环境保护，呼吁同学们关注和保护家乡的水环境，增强社会责任感和主人翁意识，共同倡导生态文明和生态道德，提高保护人类家园的自觉性，培养人与自然和谐相处的高尚情操。

（2）通过查阅资料、专题讲座、调查研究、动手实践等活动，培养创新意识、科学探索精神、研究性学习和综合实践能力。

（3）现场观察水生植物，采集水样实验室观测藻类群落结构特征、细胞密度和物种多样性，体验和展示沭河古道水生植物现状，为临沂湿地水环境保护、维持和治理提供科学依据和决策咨询。

3 研究实施

3.1 采样时间

水样采样时间为 2016 年。

3.2 水样采集与测定

现场（图 1）在沭河古道采取 5 组水样，具体为在水下约 0.5 m 处用大水桶采集水样，转移约 1 L 至小水桶中带回实验室分析。

图 1　沭河古道野外科技活动

4 研究结果

调查发现，沭河古道研究区内存有少量网箱（图 2）和人工养鹅，投放的饵料并非全部被养殖鱼类和鹅类所利用，有相当一部分以各种形式进入水体中，这会使水体呈现富营养化，为浮游植物的大量繁殖提供条件。

图2 沭河古道网箱养殖

沭河古道研究区水闸长时间关闭，河湖阻隔[1]，导致水流速度极缓，不利于物种的流入，多样性指数偏低。同时由于水环境的相对稳定，原有的藻类大量繁殖，藻类细胞密度较高。

我们认为河湖阻隔、网箱养殖和人工养鹅是导致沭河古道水体藻类细胞密度偏高和多样性指数偏低的重要原因。

5 对策与建议

（1）建议加强沭河古道渔业管理，科学适度地养殖，限制人工养鹅和网箱养殖规模，减轻内源污染；适量投放饵料，避免未被利用的饵料，使水体富营养化；适当投放鲢鱼和鳙鱼，既可增加鱼产量，又可控制水体中浮游动物的数量。[2-3]

（2）优化沭河古道的水道格局和功能，实施沭河与沭河古道的联通，维护河道生物的健康[1]。定时开闸放水，保持水流通畅，促进物质循环，提高藻类物种丰富度，降低细胞密度，从而改善水坏境。

6 活动效益

6.1 教育效益

我们通过查阅资料、专题讲座、调查研究、动手实践等活动培养了创新意识，提高了运用、分析、处理信息的综合能力，强调了我们的主动性、主体性，通过活动培养学生的科学探索精神，提高了研究性学习和综合实践能力。

6.2 社会效益

我们广泛宣传水环境保护，呼吁同学们关注和保护家乡的水环境，增强社会责任感和主人翁意识，共同倡导生态文明和生态道德，提高保护人类家园的自觉性，培养人与自然和谐相处的高尚情操。

参考文献

[1]　杨桂山，马荣华，张路，等.中国湖泊现状及面临的重大问题与保护策略 [J].湖泊科学, 2010, 22（6）: 799-810.

[2]　胡兴跃，梁银铨，胡小建，等.东港湖浮游生物调查及渔业利用 [J]. 水利渔业, 1999, 19（6）: 29-32.

[3]　金相灿.湖泊富营养化控制和管理技术 [M].北京: 化学工业出版社, 2001.

第三节
蓝藻水华爆发的影响因素调查

核心素养 🌿

文化基础 / 人文底蕴 / 人文情怀

文化基础 / 科学精神 / 批判质疑

文化基础 / 科学精神 / 勇于探究

社会参与 / 责任担当 / 社会责任

社会参与 / 实践创新 / 问题解决

学习方式 🌿

查阅信息、交讨论流、野外调查、实验分析

主要问题 🌿

1. 如何获得选题灵感?

2. 如何开展一项蓝藻水华爆发的影响因素研究课题?

3. 你感觉野外调查需要做好哪些准备?

4. 请尝试设计一项蓝藻水华爆发的影响因素研究课题。

5. 你有什么收获和体会?

沂河蓝藻水华爆发与预警的研究

【摘要】　我们以山东沂河临沂城区段正在爆发中的蓝藻水华为研究对象，于 2010 年 6 月 26 日，7 月 3 日、10 日和 17 日进行了 4 次取样调查，根据 11 个取样点的 44 组水样数据，显示水温和 pH 是导致本次水华爆发的主要因素，TP、SiO_3^{2-} 和 Fe^{2+} 为非主要因素。山东沂河临沂城区段蓝藻水华的预警区间为水温 26℃～27℃区间和 pH 7～8 区间。建议设置鱼箱，放养鲢鱼、鳙鱼等食藻性鱼类，移除人工堤坝，重造自然堤坝，种植芦苇、菖蒲等挺水植物，恢复其原生湿地生态。

【关键词】　沂河；水温；pH；Fe^{2+}；SiO_3^{2-}；TP；Chl a

当今社会，水资源短缺已经成为制约社会发展的一个重要因素。在全世界范围内，水资源的合理开发和利用问题都相当棘手，水污染会引起富营养化，导致水华发生[1]。水华对人类的生产和生活产生了巨大的影响，例如，引起水质恶化、鱼类死亡，甚至威胁人类的生命安全[2]，实施有效的科学手段监测、预防和治理水华已是刻不容缓。

沂河位于山东省南部与江苏省北部，全长 574 km，流域面积 11 600 km²，是淮河流域泗沂沭水系中的较大河流[3]，淮河流域水污染防治"十五"计划将沂河列为重要控制河流。2006 年、2007 年和 2009 年沂河先后爆发多次大规模水华，影响巨大。

Chl a 是水体富营养化评价指标中的重要参数[4]。本次研究将具体分析沂河水华爆发期间 Chl a 与水温、pH、TP、Fe^{2+}、SiO_3^{2-} 之间的关系与规律，为沂河蓝藻水华的防治、预警和监测提供必要参考。

1 材料与方法

1.1 样点设置

本次研究在沂河共设置了 11 个取样点,在沂河水华暴发期间 4 次取样(2010 年 6 月 26 日, 7 月 3 日、10 日和 17 日),取样点水深约 1 m 且水质稳定。在沂河北大桥上设 3 个取样点,在九曲沂河大桥上设 3 个取样点,在沂蒙路枋河桥上设 3 个取样点,在滨河大道体育公园上设 2 个取样点。

1.2 样品分析

1.2.1 仪器设备

温度 pH 双量程测量仪(pH 56 型,Martini 仪器)、721 可见光分光光度计(721 型,上海菁华科技仪器有限公司)、Fe^{2+} 浓度仪(HI 93721 型,HANNA)、TN 浓度比色计(HI 93706 型,HANNA)SiO_3^{2-} 浓度仪(HI 93750 型,北京哈纳科仪科技有限公司)、台式电动离心机(800 型,金坛市科兴仪器厂)

1.2.2 分析方法

现场采集水样时用温度、pH 双量程测量仪测出水温(温度计法,GB6920—1991)和 pH(玻璃电极法,GB3938—1988[5])。

现场采集水样 600 mL 带回实验室,摇匀后分为 500 mL 和 100 mL 两份备用,将 500 mL 水样用 SiO_3^{2-} 浓度仪测量 SiO_3^{2-} 浓度(分光光度计法,《淡水调查规范》[6]),用 Fe^{2+} 浓度仪测量 Fe^{2+} 浓度(邻菲啰啉分光光度计法,《淡水调查规范》[6]),用 TN 浓度比色计测出 TN(分光光度计法,《淡水调查规范》[6])。

把 100 mL 水样用醋酸纤维滤膜(0.45 μm)过滤,然后将滤膜放入冰箱冷冻,12 h 后取出剪碎,用 10 mL 热无水乙醇(70℃)萃取 2 min,后低温避光萃取 5 h。提取萃取液,离心 10 min(4 000 r·min^{-1}),721 可见光分光光度计测定,读取 665 nm 和 750 nm 处吸光度数值。后向待测液加入 0.05 mL HCl 溶液(1 mol·L^{-1}),再次读取 665 nm 和 750 nm 处吸光度数值。C(Chl a)=27.9×50×($Ea-Eb$)Ve/V,C(Chl a)为水样中 Chl a 含量(μg·mL^{-1});

Ea 为提取液酸化前 665 nm 和 750 nm 处的吸光度差值；*Eb* 为提取液酸化后 665 nm 和 750 nm 处的吸光度差值[7]。

2 结果与分析

2.1 沂河水温与 Chl a 的相关性

水温是影响沂河 Chl a 含量的一个重要因素[8]，本研究发现，当水温在 26℃～27℃时，浮游植物极易爆发性繁殖导致水体富营养化和极富营养化，此温度区间为沂河水华爆发的控制区间。当水温大于 27.5℃，Chl a 含量相对较低，此水温区间为沂河水华爆发的非重要控制区间。

2.2 沂河 pH 与 Chl a 的相关性

pH 是影响沂河 Chl a 含量的另一个重要因素[8]，本研究发现，当 pH 在 7～8 时，浮游植物极易爆发性繁殖而导致水体富营养化和极富营养化，此 pH 区间为沂河水华爆发的控制区间。当 pH > 8 或者 pH > 7 时，Chl a 含量相对较低，此 pH 区间为沂河水华爆发的非重要控制区间。

2.3 沂河 TP 与 Chl a 相关性

本次检测发现，沂河水华爆发时，水体 TP 并不高，体现了沂河水体的特殊性（图 1）。

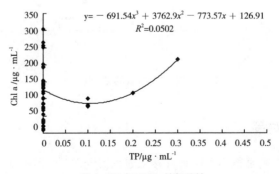

$$y = -691.54x^3 + 3762.9x^2 - 773.57x + 126.91$$
$$R^2 = 0.0502$$

图 1 TP 与 Chl a 的相关性

2.4 沂河 Fe^{2+} 与 Chl a 的相关性

本次检测发现，沂河水体 Fe^{2+} 含量基本稳定在 < 0.1 μg · mL^{-1} 区间内，Fe^{2+} 含量在 0.05 ～ 0.2 μg · mL^{-1} 区间内基本与 Chl a 含量呈现正相关性；当 Fe^{2+} 含量 < 0.05 μg · mL^{-1} 区间内或 > 0.2 μg · mL^{-1} 区间内呈现负相关（图 2 ）。

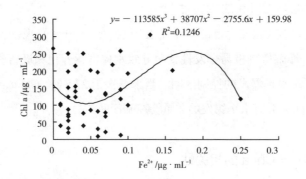

图 2 Fe^{2+} 与 Chl a 的相关性

2.5 沂河 SiO$_3^{2-}$ 与 Chl a 的相关性

本次检测发现，SiO$_3^{2-}$ 的高低对 Chl a 的波动并不是很明显，可以认为 SiO$_3^{2-}$ 不是沂河水华爆发的主要因素（图 3 ）。

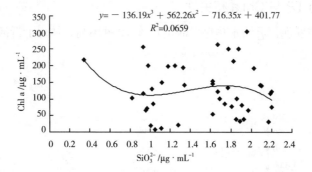

图 3 SiO$_3^{2-}$ 与 Chl a 的相关性

3 结论与对策

TP 含量的升高是很多水体富营养化的重要因素 [9]，但本次检测发现沂河 TP 含量并不是很高，将其排除在引起沂河水华爆发的环境因素外。这应该与临沂市重点排查临近河流、饮用水水源保护区、自然保护区和重要渔业水域、人口集中居住区域、出境水面区域内的企业以及将化工企业外迁有关。

水温和 pH 是导致本次沂河水华爆发的主要因素。SiO_3^{2-} 含量和 Fe^{2+} 含量为此次沂河水华爆发的非主要因素。沂河水华的控制区间为：水温 26℃～27℃区间和 pH 7～8 区间。

为了防止水华的发生和沂河水体的可持续发展，建议采取生物防治的方法。例如，在沂河中设置鱼箱，放养食藻性鱼类如鲢鱼、鳙鱼，以藻类植物为食，不仅可防止水华爆发，还能发展渔业生产。

在沂河河道中，可以利用已有的湖心岛，进行植树种草。在水域较为宽阔的地方，如祊河桥两侧，可以尝试移除人工堤坝，重造自然堤坝，种植芦苇菖蒲等挺水植物，恢复其原生湿地生态。既可以利用植物生长对水体营养的需求，降低蓝藻或其他浮游植物的营养需求，从而限制水华爆发的次数和规模。同时还能改善沂河外貌，使沂河增加了一份自然之美。

政府部门应加大对合理用水的宣传和相关的教育工作；鼓励居民尽量不用对水体有污染的生活用品，并且要节约用水。

水华爆发不是单一诱因，而是多因素共同决定，在控制主要诱因时，也不能忽略其他因素对 Chl a 的影响。因此，为达到监控、预警、防治沂河水华爆发的目的，除需加强对水温、pH、TP、Fe^{2+}、SiO_3^{2-} 等环境因素的监测，还要进一步监测水流、水量、水深等其他因素。

全民努力，共同维持沂河碧水蓝天！

参考文献

[1]　Jorgensen S E, Matsui S. Guidenlines of lake management: the word's lakes in Crisis Volume 8 [C]. International Lake Environment Committee ard the United Nations Environment Programme, Shiga, Japan, 1997.

致谢：感谢临沂市科学探索实验室提供检测帮助！

[2] O' Sullivan P E, Reynolds C S. The Lakes Handbook,Volume 2: Lake Restoration and Rehabilitation (First Edition) [M]. Blackwell Science Ltd. Oxford, UK, 2005.

[3] 高远, 苏宇祥, 亓树财. 沂河流域浮游植物与水质评价 [J]. 湖泊科学, 2009, 2（4）: 544-548.

[4] 韩傅平. 中国水库生态学研究的回顾与展望. 湖泊科学. 2010, 22（2）: 151-160.

[5] 国家环境保护局. 地面水环境质量标准 GB3838—1988 [S]. 中国环境科学出版社, 1988.

[6] 国家环境保护总局、水和废水监测分析方法 [M]. 第4版. 北京: 中国环境科学出版社, 2002.

[7] CHEN YW, GAO XY. Comparison of two methods for phytoplankton chlorophyll-a concentration measurement [J]. Journal of Lake Science, 2000, 12（2）: 185-188.

[8] 路娜, 尹洪斌, 邓建才, 等. 巢湖流域春季浮游植物群落结构特征及其与环境因子的关系 [J]. 湖泊科学, 2010, 22（6）: 950-956.

[9] 吴阿娜, 朱梦杰, 汤琳, 等. 淀山湖蓝藻水华高发期叶绿素 a 动态及相关环境因子分析 [J]. 湖泊科学, 2011, 23（1）: 67-72.

第四节
校园景观水池水质健康维持调查

核心素养

文化基础 / 人文底蕴 / 人文情怀

文化基础 / 科学精神 / 勇于探究

社会参与 / 责任担当 / 社会责任

社会参与 / 实践创新 / 问题解决

学习方式

查阅信息、讨论交流、野外调查、实验分析

主要问题

1. 如何获得选题灵感?

2. 如何开展校园研究课题?

3. 你感觉校园调查需要做好哪些准备?

4. 请尝试设计一个校园研究课题。

5. 你有什么收获和体会?

1 学习主题

学校景观水池生态系统维持。

2 教学内容

根据"实践，认识；再实践，再认识"的辩证唯物主义认识论的基本规律，笔者指导学生采用了观察探究、实验检测和自主查阅收集资料的方法，引导学生掌握基本的研究步骤，培养学生的科技创新能力。活动课的重点是对景观水池现状的研究分析，难点是提出科学合理的水质保护与维持改造提升方案。

3 教学过程

预设方案、参观记录、引导、讨论（表1）

（1）让同学们预设学习调查研究方案。

（2）参观学校所有景观水池，记录水池生态系统现状。

（3）引导学生讨论评估水池生态系统风险，提出改造措施。

（4）小组讨论、师生讨论会、作品展示。

表1　教学过程

项目开始前	项目进行中	项目结束后
头脑风暴和小组讨论	小组讨论	学生互评和师生讨论会
信息获取和资料收集	学习记录表	作品交流展示和应用实践

4 学习活动

获取信息，设计实验，小组合作学习，作品交流与展示。

5 课程标准

（1）讨论生态系统结构。

（2）分析生态系统物质循环和能量流动。

（3）阐明生态系统稳定性。

（4）形成生态学观点和可持续发展理念。

6 教学目标

（1）知识目标：分析生态系统物质循环和能量流动，阐明生态系统稳定性。

（2）能力目标：运用系统学方法分析生物学问题，运用生态学知识和观点评价改造环境。

（3）情感态度价值观目标：形成生态学观点和可持续发展理念。

7 评价时间线

7.1 实践探究出真知

为了便于活动的开展，笔者将学生分为三个小组，分别到校园和实验室对三个景观水池的植物、鱼类、周边环境及水质状况展开细致的观察分析和水质实验检测。

7.2 交流分享展成果

实践调查结束后，小组汇总分析实验检测的数据、观察结果和查阅到的资料信息，返回班级，分组交流汇报，并提出各自的改造提升方案，展示各组的研究成果。

8 评价工具

（1）学习记录表，评价学生记录资料的翔实性和真实性。

（2）班级小报：展示学生作品，提供交流平台。

（3）试验：检验学生作品设计。

（4）决策建议书：终结性成果，向学校建言献策。

9 评价方法与目标

表 2　评价方法与目标

评价	评价过程和目标
头脑风暴和小组讨论	评价学生提出什么样的科学和现实问题，小组讨论展开如何
信息获取和资料收集	评价学生通过什么媒介获取信息，获得了什么信息
学习记录表	评价学生记录资料的翔实性和真实性
小组讨论	评价学生提出什么样的科学和现实问题，小组讨论展开如何
学生互评和师生讨论会	评价学生方案是否科学有效，学生讨论参与度
作品交流展示和应用实践	评价作品质量

采取个体评价与小组评价相结合的方式，评价学生的学习活动。量规详细描述了学生所要达到的知识与能力目标，在课前发给小组和个人，让学生在学习过程中有明确的参照标准。学习结束后，让学生对照量规评价自己，更好地认识自己，从而不断完善所学知识，提高能力。运用评价量规进行评价。以上三个环节的教学活动能够有效开展，评价量规的指导性和约束性功不可没。通过有效的小组实践活动和分享交流活动，培养了学生观察分析能力、合作探究能力、创新思维能力、表达交流能力等科学素养，有效达成了课时目标。

10 研究报告

（1）研究区域：玉兰广场水池。

（2）存在问题：玉兰广场水池底部落满空气中的浮尘飘落物，有大量藻类滋生，水体呈现墨绿色，视觉效果不佳，严重影响水体环境和景观，采用定时人工清理，费工费力。

（3）研究目的：维持水质，保护景观。

（4）规划方案：建议铺设底质淤泥、沙子和砾石，每个水池投放水螺50个、河蚌10个和泥鳅20条，运用微生物分解原理，分解底质残渣有机物，加快物质循环。同时可增加水池中微生物种类和数量和景观美观度。每个水池栽植莲藕10株、香蒲20株、芦苇30株、金鱼藻30株和苦菜30株，运用植物生长吸取水体中富余营养盐类和掩饰飘尘，净化水质。同时可增加水池中植物种类、数量和景观美观度。增加放养体长 10 cm 胖头鲢 20 尾、5 cm 鳊鱼 20 尾、5 cm 草鱼 20 尾和 5 cm 鲤鱼 20 尾，运用滤食性鱼类采食藻类的特点，控制藻类数量。在水面摆放水葫芦和水花生少许，增加植物种类、数量和景观美观度。规划实施见图 1。

图 1　玉兰广场水池规划实施

11 活动反思

11.1 安全预案

（1）校园水池实地调查和采集水样时由教师全程陪同监督，控制人数。

（2）实验室观察和分析时由教师跟踪指导，并负责实验室安全。

（3）试验实施和宣传活动展示时，提前做好海报。

11.2 教育资源

（1）学校资源：学校开放探究实验室，提供 Fe^{2+} 浓度仪、SiO_3^{2-} 浓度仪、温度 pH 双量程测量仪、总氮测量仪、总磷测量仪、叶绿素测量仪、离心机和浮游生物网等仪器设备。

（2）社会资源：临沂市科技馆和临沂市科学探索实验室提供其他的实验室药品、仪器设备、专业书籍和专家指导，有关新闻媒体对活动提供宣传报道。

11.3 活动效果

（1）学生们通过查阅资料、专题讲座、调查研究、动手实践等活动培养了一定的创新意识，提高了运用、分析、处理信息的综合能力，活动过程中充分强调和展示了学生的主动性和主体性，培养了他们的科学探索精神、研究性学习和综合实践能力。

（2）学生们广泛宣传水环境保护，呼吁同学们关注和保护学校与家乡的水环境，增强社会责任感和主人翁意识，共同倡导生态文明和生态道德，提高保护家园的自觉性，培养人与自然和谐相处的高尚情操。

第五节
河流湖泊水体影响因素调查

核心素养 🌱

文化基础 / 人文底蕴 / 人文情怀

文化基础 / 科学精神 / 勇于探究

社会参与 / 责任担当 / 社会责任

社会参与 / 实践创新 / 问题解决

学习方式 🌱

查阅信息、讨论交流、野外调查、实验分析

主要问题 🌱

1. 如何获得选题灵感？

2. 如何开展河流湖泊水体影响因素研究课题？

3. 你感觉河流湖泊水体影响因素调查需要做好哪些准备？

4. 请尝试设计一个河流湖泊水体影响因素调查课题。

5. 你有什么收狄和体会？

> **受访嘉宾：戴维**
>
> 戴维，男，2016 届课程选修者，主持云蒙湖水质调查课题，参加第 5 届清洁水空气土壤国际会议做学术发言（马来西亚，英文，15 分钟），本科考入中山大学。

首先向同学们阐述一下你的研究项目？

戴维： 为了解云蒙湖水体叶绿素 a（Chl a）的季节特征及其与环境因子的关系，我们按季节于 2013 年 5 月 1 日、8 月 12 日、10 月 1 日和 12 月 14 日进行了 4 次取样调查。结果表明，云蒙湖水温、pH、TP、TN 和 Chl a 全年调查均值分别为 15.9℃、7.12、0.07 mol · L^{-1}、1.58 mol • L^{-1} 和 30.60 μg · L^{-1}，水质为 IV 类或中富营养型。水体 Chl a 与 TN 和 pH 呈现极显著正相关，与水温的相关性较低，lg（$Y_{Chl a}$）与 lg（X_{TP}）呈现极显著正相关，N/ P 为 22，可能为 P 限制性。

你的研究有什么现实意义？

戴维： 作为临沂市主要的供水水源地，准确评价云蒙湖的水环境质量现状，对进一步保护水资源、保护水源地区域的生态环境健康、保障临沂市的供水安全、保障社会稳定和经济发展都具有科学价值和社会价值。我们以云蒙湖为研究对象，按季节调查水体，探讨水体 Chl a 季节变化与水环境因子的关系，揭示 Chl a 对水环境因子的响应机制。

研究发现临湖地带是水源保护的关键地带，是维持水质净化功能的重要生态系统，属于流域面源污染的敏感地带。云蒙湖库滨带浅水区域应采取退耕还湿措施，逐步增加库滨带芦苇、菖蒲等水生植物覆盖面积，恢复其原生湿地生态；科学放流鲢鱼、鳙鱼等净水鱼类，控制藻类植物生长，提高水体自净能力；库滨带高地区域应采取退耕还林措施，逐步提高环库森林覆盖率。这样才能有效减少云蒙湖湖滨地带的面源污染，提升湖滨地区对氮磷的拦截和净化能力。

研究过程中遇到的最大的困难是什么？

戴维： 在项目研究过程中，需要用无水乙醇对微孔滤膜进行低温萃取，可是在第二天我们满怀希望地取出萃取瓶时，发现其中三个样品中的乙醇竟然完全挥发了。原本信心满怀的心情瞬间跌落至谷底。我们相互安慰，没有失败哪来成功，没关系，拿出备用水样重新再来。加热无水乙醇时，发现实验室竟然没有加热电器。无奈之下，只好就地取材，使用两个酒精灯加热，历经半个小时之后终于把原本只需三五分钟就可以结束的工作完成。

研究过程中有何感受？

戴维： 项目伊始，我们常感到迷茫无措，经过老师的指点和无数次的失败，最终得出了实验数据，真是让人欣喜万分，所做的努力终于没有白费。虽然在这个过程中充满了太多的困难、太多的沮丧，但是我们始终抱着一颗永不言败的心，认真严谨地完成每一项数据的处理。因为我们知道，失败乃成功之母，真理总是在无数次的实践中得来的。每当感到手足无措之时，我们都会相互鼓励，相互探讨，告诉自己，决不能放弃，一定要坚持。正是基于这样的信念，我们一直在坚持，在努力！

我们学到了很多在书本上永远也无法学到的东西。通过此次活动，我们最大的体会是：面对困难，大家要沉着冷静，齐心协力，互帮互助，依靠团队的力量共同渡过难关。困难和挫折并不可怕，可怕的是没有战胜困难挫折的毅力和勇气。现在的我们，一定会保留着一颗沉着、坚强、勇敢的心去迎接未来的困难和挑战。

云蒙湖 Chl a 季节特征及其与环境因子关系的调查研究

【摘要】 为了解云蒙湖水体叶绿素 a（Chl a）的季节特征及其与环境因子的关系，我们按季节于 2013 年 5 月 1 日、8 月 12 日、10 月 1 日和 12 月 14 日进行了 4 次取样调查。结果表明，云蒙湖水温、pH、TP、TN 和 Chl a 全年调查均值分别为 15.9℃、7.12、0.07 mg·L^{-1}、1.58 mg·L^{-1} 和 30.60 μg·L^{-1}，水质为 Ⅳ 类或中富营养型。水体 Chl a 与 TN 和 pH 呈现极显著正相关，与水温的相关性较低，lg（$Y_{Chl a}$）与 lg（X_{TP}）呈现极显著正相关，N/P 为 22，可能为 P 限制性。临湖地带是水源保护的关键地带，是维持水质净化功能的重要生态系统，属于流域面源污染的敏感地带。云蒙湖库滨带浅水区域应采取退耕还湿措施，逐步增加库滨带芦苇、菖蒲等水生植物覆盖面积，恢复其原生湿地生态；科学放流鲢鱼、鳙鱼等净水鱼类，控制藻类植物生长，提高水体自净能力；库滨带高地区域应采取退耕还林措施，逐步提高环库森林覆盖率。这样才能有效减少云蒙湖湖滨地带的面源污染，提升湖滨地区对氮、磷的拦截和净化能力。

【关键词】 云蒙湖；岸堤水库；叶绿素 a；水温；pH；TN；TP

1 引言

水库是一种介于河流和湖泊的半人工半自然水体，是人类影响地球表面水体最重要的工程[1]，在饮用水供给、防洪与发电、保障农业灌溉与下游生态用水、发展旅游等方面发挥着极其重要的作用[2]，受到人类干扰时显得尤其脆弱和敏感。水库水体富营养化已成为水污染问题中不可忽视的问题。[3] 叶绿素是浮游植物的重要成分[4]，水体 Chl a 含量是检测浮游植物的重要指标，可表征浮游植物的生物量，是描述和划分水体营养状态和研究水域生境的重要指标[5-7]，在水体富营养化状况评价中起到关键性作用[8]。作为临沂市主要的供水水源地，准确评价云蒙湖的水环境质量现状，对进一步保护水资源、保护水源地区域的生态环境健康、保障临沂市的供水安全、保障社会稳定和经济发展都具有科学价值和社会价值。[9-11] 本文以云蒙湖为研究对象，按季节调查水体，探讨水体 Chl a 季节变化与水环境因子的关系，揭示 Chl a 对水环境因子的响应机制。

2 材料与方法
2.1 研究区域

云蒙湖始建于 1959 年，原名岸堤水库，位于沂河支流东汶河与梓河的交汇处，地理坐标东经 117° 45′～ 118° 15′，北纬 35° 27′～ 36° 02′，为山东省第二大水库。水库控制流域面积 1 693 km^2，总库容 $7.49×10^8 m^3$，是一座以防洪、灌溉为主，结合发电、城市供水、养殖、旅游等综合开发利用的大型水利工程，1996 年被列为临沂市城区主要饮用水源地。[9-11]

2.2 研究方法

本次调查在云蒙湖设置 7 个采样点，按季节于 2013 年 5 月 1 日、8 月 12 日、10 月 1 日和 12 月 14 日进行了 4 次取样调查（图 1）。使用 250 mL 容量瓶定容，每个样点采集 2 瓶。各点均取 50 cm 深亚表层水进行分析检测，水样处理参照标准。[12-13] 现场采集水样时用温度 pH 双量程测量仪（Martini instruments pH 56）测出水温和 pH。实验室采用乙醇萃取分光光度法测定 Chl a 含量；总氮（TN）和总磷（TP）分别采用过硫酸钾氧化 – 紫外分光光度法和钼锑抗分光光度法，由实康水务公司和临沂市水务集团半程水厂测定。

乙醇萃取分光光度法测定 Chl a 含量：将样品用醋酸微孔纤维滤膜（0.45 μm）过滤；滤纸冰箱冷冻 12 h；将滤纸剪碎后用 10 mL 热乙醇（80℃）萃取 2 min，后转为低温避光萃取 5 h；用离心机（800 型，金坛市科兴仪器厂）离心处理萃取样液 5 min（4 000 r · min^{-1}；用 721 型分光光度计（721 型，上海

图 1　云蒙湖实验中的我们

菁华科技仪器有限公司）分别于 665 nm 和 750 nm 处测吸光值，然后加入 2 滴 1 mol·L^{-1} 的盐酸酸化，重新于 665 nm 和 750 nm 处测吸光值。测量完毕后，代入公式：

$$Chl\ a_{乙醇} = 27.9 \times (E_{665} - E_{750} - A_{665} + A_{750})\ V_{乙醇}/V_{水样}$$

其中，Chl a$_{乙醇}$ 为乙醇法测定的 Chl a 的含量（μg·mL^{-1}），E_{665} 为乙醇萃取液于波长 665 nm 的吸光值，E_{750} 为乙醇萃取液于波长 750 nm 的吸光值，A_{665} 为乙醇萃取液酸化后于波长 665 nm 的吸光值，A_{750} 为乙醇萃取液酸化后于波长 750 nm 的吸光值，$V_{乙醇}$ 为乙醇萃取液的体积（mL），$V_{水样}$ 为水样过滤的体积（L）。

2.3 统计分析

采用相关性分析研究 Chl a 与水环境因子水温、pH、TN 和 TP 的响应关系，建立回归方程，所有数据分析均采用 SPSS 17.0 中文版软件。

3 结果与分析

3.1 云蒙湖水环境因子季节变化

云蒙湖水温全年调查均值 15.9℃，变动范围为 6.7℃ ~ 19.3℃，季节间差异显著（$p < 0.05$）（图 2A）。pH 全年调查均值为 7.12，变动范围为 6.96 ~ 7.21，季节间无显著性差异（$p > 0.05$）（图 2B）。TP 全年调查均值 0.07 mg·L^{-1}，为Ⅳ类水；变动范围为 0.02 mg·L^{-1} ~ 0.16 mg·L^{-1}，为Ⅱ~Ⅴ类水；季节间有较大差异，春季显著高于冬季（$p < 0.05$）（图 2C）。TN 全年调查均值为 1.58 mg·L^{-1}，为Ⅳ类水；变动范围为 1.26 mg·L^{-1} ~ 1.98 mg·L^{-1}，为Ⅳ~Ⅴ类水；季节间有较大差异，夏季显著高于秋季（$p < 0.05$）（图 2D）。我们将云蒙湖与周围 300 km 范围内的大型湖泊水库进行比较，发现从水体 TN 含量看，东平湖（3.21 mg·L^{-1}）[14] >南四湖（2.61 mg·L^{-1}）[15] >云蒙湖（1.58 mg·L^{-1}）>石梁河水库（0.92 mg·L^{-1}）[16]；从水体 TP 含量看，东平湖（0.81 mg·L^{-1}）[14] >南四湖（0.17 mg·L^{-1}）[15] >石梁河水库（0.09 mg·L^{-1}）[16] >云蒙湖（0.07 mg·L^{-1}）；从水体 Chl a 含量看，南四湖（31.5 μg·L^{-1}）[15] >云蒙湖（30.6 μg·L^{-1}）>东平

湖（18.3 μg·L⁻¹）[14]，与一般湖库水质相当，距离饮用水水源地一级保护区 II
类水质目标尚有较大差距。

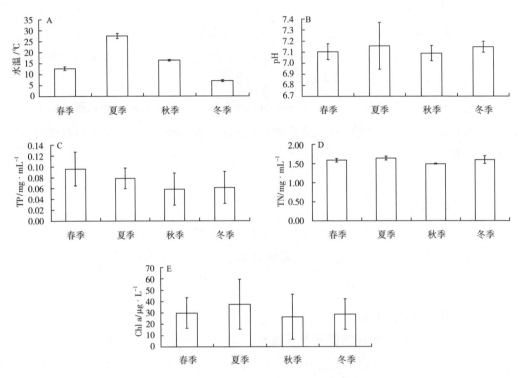

图 2 水温、pH、TP、TN 与 Chl a 的季节变化

3.2 云蒙湖 Chl a 季节变化

云蒙湖 Chl a 全年调查均值为 30.60 μg·L⁻¹，为中富营养型；变动范围
为 5.58 μg·L⁻¹ ～ 72.54 μg·L⁻¹，为中营养 – 富营养型；季节间无显著性差
异（$p > 0.05$）（图 2E），样点间差异显著（$p > 0.05$）。

3.3 云蒙湖叶绿素 a 含量与水环境因子相关性分析

大量研究显示浮游植物的生长受到水温和 pH 影响[4–5,17–18]。本研究表
明，云蒙湖水体 Chl a 与水温相关性低且不显著（R^2=0.0566，$p > 0.05$）（图
3A），而与 pH 呈现极显著正相关（R^2=0.6077，$p < 0.01$）（图 3B），这与

滴水湖[17]一致。

许多研究表明，TN/TP要比单纯的TN和TP对浮游植物的生长有着更为直接的关系，当N/P大于7时，可能为P限制性；当N/P小于7时，则可能为N限制性[4,19-21]。本研究表明，云蒙湖水体$\lg(Y_{Chl\,a})$与$\lg(X_{TP})$呈现极显著正相关（$R^2=0.5176$，$p < 0.01$）（图3C），而Chl a与TN呈现极显著正相关（$R^2=0.5855$，$p < 0.01$）（图3D），N/P为22，可能为P限制性。

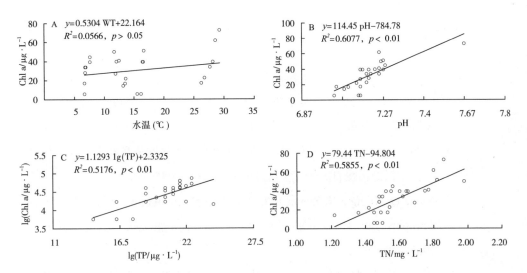

图3 Chl a 与水温、pH、TP、TN 的相关关系

4 结论与建议

云蒙湖水温、pH、TP、TN和Chl a全年调查均值分别为15.9℃、7.12、0.07 mg·L^{-1}、1.58 mg·L^{-1}和30.60 μg·L^{-1}，水质为Ⅳ类或中富营养型，距离饮用水水源地一级保护区Ⅱ类水质目标尚有较大差距。水体Chl a与TN和pH呈现极显著正相关（$R^2=0.6077$，$p < 0.01$；$R^2=0.5855$，$p < 0.01$），水温相关性低且不显著（$R^2=0.0566$，$p > 0.05$），$\lg(Y_{Chl\,a})$与$\lg(X_{TP})$呈现极显著正相关（$R^2=0.5176$，$p < 0.01$），N/P为22，可能为P限制性。

临湖地带是水源保护的关键地带，是维持水质净化功能的重要生态系统，属于流域面源污染的敏感地带[2]。云蒙湖库滨带浅水区域应采取退耕还湿措施，逐步增加库滨带芦苇、菖蒲等水生植物覆盖面积，恢复其原生湿地生态；科学放流鲢鱼、鳙鱼等净水鱼类，控制藻类植物生长，提高水体自净能力；库滨带高地区域应采取退耕还林措施，逐步提高环库森林覆盖率。这样才能有效减少云蒙湖湖滨地带的面源污染，提升湖滨地区对氮、磷的拦截和净化能力。

参考文献

[1] 韩傅平.中国水库生态学研究的回顾与展望[J].湖泊科学，2010, 22（2）：151-160.

[2] 李恒鹏，朱广伟，陈伟民，等.中国东南丘陵山区水质良好水库现状与天目湖保护实践[J].湖泊科学，2013, 25（6）：775-784.

[3] Gao J Q, Xiong Z T, Zhang J D, et al. Phosphorus removal from water of eutrophic Lake Donghu by five submerged macrophytes[J]. Desalination, 2009, 242: 193-204.

[4] 王震，邹华，杨桂军，等.太湖叶绿素 a 的时空分布特征及其与环境因子的相关关系[J].湖泊科学，2014, 26（4）：567-575.

[5] 田时弥，杨扬，乔永民，等.珠江流域东江干流浮游植物叶绿素 a 时空分布及与环境因子的关系[J].湖泊科学，2015, 27（1）：31-37.

[6] 况琪军，马沛明，胡征宇.湖泊富营养化的藻类生物学评价与治理研究进展[J].安全与环境学报，2005, 5（2）：87-91.

[7] 吴阿娜，朱梦杰，汤琳，等.淀山湖蓝藻水华高发期叶绿素 a 动态及相关环境因子分析[J].湖泊科学，2011, 23（1）：67-72.

[8] 吕唤春，王飞儿，陈英旭，等.千岛湖水体叶绿素 a 与相关环境因子的多元分析[J].应用生态学报，2003, 14（8）：1347-1350.

[9] 刘妍.临沂水源地（岸堤水库）水质现状调查与评价[D].青岛：中国海洋大学，2012.

[10] 许士欣, 刘红蕾, 林娜. 岸堤水库应对水质富营养化对策研究 [J]. 山东水利, 2010, 12（6）: 50-51.

[11] 倪自荣, 任广云, 刘祥锋. 岸堤水库水环境质量评价 [J]. 山东水利, 2010, 12（7）: 16-17.

[12] 国家环境保护总局《水和废水监测分析方法》编委会. 水和废水监测分析方法 [M]. 第 4 版. 北京: 中国环境科学出版社, 2002, 650-653.

[13] 国家环境总局, 国家质量监督局检验检疫总局. 地表水环境质量标准 GB3838—2002[S]. 中国环境科学出版社, 2002.

[14] 孙栋, 段登选, 王志忠, 等. 东平湖水质监测与评价 [J]. 淡水渔业, 2006, 36（4）: 13-16.

[15] 李艳红, 杨丽原, 刘恩峰, 等. 南四湖富营养化评价与原因分析 [J]. 济南大学学报（自然科学版）, 2010, 24（2）: 212-215.

[16] 韩照祥, 李璋韬, 胡小明. 石梁河水库水质评价与变化趋势及防治对策 [J]. 江苏农业科学, 2012, 40（12）: 348-350.

[17] 梅卫平, 江敏, 阮慧慧, 等. 滴水湖叶绿素 a 时空分布及其与水质因子的关系 [J]. 生态学杂志, 2013, 32（5）: 1249-1254.

[18] 汪剑, 郭沛涌, 钟燕华, 等. 厦门两水库冬季水体氮的空间分布及相关环境因子 [J]. 生态学杂志, 2011, 30（8）: 1751-1756.

[19] Lau S S S, Lane S N. Biological and chemical factors influencing shallow lake eutrophication: along termstudy[J]. Science of the total environment, 2002, 288（3）: 167-181.

[20] 陈永根, 刘伟龙, 韩红娟, 等. 太湖水体叶绿素 a 含量与氮磷浓度的关系 [J]. 生态学杂志, 2007, 26（12）: 2062-2068.

[21] Liu X, Lu X H, Chen Y W. The effects of temperature and nutrient ratios on Microcystis blooms in Lake Taihu, China: an 11-year investigation[J]. Harmful Algae, 2011, 10（3）: 337-343.

汸河湖心岛对水体影响的距离效应

【摘要】 本次调查在湖心岛附近水域设置了 4 组采样点，分别为距离湖心岛 1 m 区、10 m 区、20 m 区和 1 000 m 区，每组采样点设置了 4 组重复，分别为湖心岛东、南、西、北 4 个方向。采样时间为 2015 年 6 月（夏季）、2015年 8 月（夏季）、2015 年 10 月（秋季）和 2015 年 12 月（冬季）。结果表明：汸河湖心岛附近水体水温、pH、TN、TP 和 Chl a 全年调查均值分别为 19.2℃、7.63、3.07 mg · L⁻¹、0.09 mg · L⁻¹ 和 53.57 μg · L⁻¹，水质为 Ⅱ～劣 Ⅴ 类。湖心岛附近水体 Chl a 与水温呈现显著正相关（R^2=0.5725, $p < 0.05$），与 pH 呈现极显著正相关（R^2=0.7656, $p < 0.01$），与 TN 呈现不显著负相关（R^2=0.2235, $p > 0.05$），与 TP 呈现不显著负相关（R^2=0.04, $p > 0.05$）。N/P 为 35.45，为 P 限制性。汸河湖心岛附近水温为 1 m ＞ 1 000 m ＞ 20 m ＞ 10 m，pH 为 10 m ＞ 1 m ＞ 1 000 m ＞ 20 m，TN 为 1 m ＞ 10 m ＞ 20 m ＞ 1 000 m，TP 为 1 000 m ＞ 20 m ＞ 10 m ＞ 1 m，Chl a 为 1 000 m ＞ 10 m ＞ 20 m ＞ 1 m，湖心岛产生了降磷增氮效应。

【关键词】 湖心岛；汸河；距离效应；叶绿素 a；水温；pH；TN；TP

1 引言

水体富营养化是当前最重要的水污染问题。[1] 浮游植物在水体生态系统中有着举足轻重的地位，影响甚至决定水体质量。[2] 叶绿素 a（Chl a）是浮游植物的重要成分[3]，水体 Chl a 含量是检测浮游植物的重要指标，可表征浮游植物的生物量，是描述和划分水体营养状态和研究水域生境的重要指标[4,6]，在水体富营养化评价中起关键作用[7]。

湖心岛是河流湖泊中的岛屿，大多为水流消切岩石质地形成或由泥沙在河流湖泊缓流处自然淤积形成，受到人类干扰时显得尤其脆弱和敏感。沂河属淮河流域重要河流，位于山东南部与江苏北部（34°23'N～36°20'N，117°25'E～118°42'E），全长574 km，流域面积1.73×10^4 km²。[8]祊河为沂河主要支流，全长155 km，流域面积3.38×10^3 km²。[9-10]目前已有沂河和祊河的浮游植物多样性与水质评价研究[8-10]，但尚未见湖心岛对水体影响的距离效应的研究报道。我们研究湖心岛对水体影响的距离效应，分析水体Chl a与环境因子的关系，期望能对保护祊河水资源提供重要参考。

2 材料与方法

2.1 研究区域

我们所研究的湖心岛（图1，图2）位于祊河与沂蒙路金锣大桥交汇处下游500 m处，面积约1 hm²，全岛为泥土质地，主要植被为垂柳林。

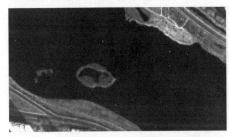

图1　祊河湖心岛鸟瞰图　　　　　　　图2　祊河湖心岛远视图

2.2 研究方法

本次调查（图3）在湖心岛附近水域设置了4组采样点，分别为距离湖心岛1 m区、10 m区、20 m区和1 000 m区，每组采样点设置了4组重复，分别为湖心岛东、南、西、北4个方向。采样时间为2015年6月（夏季）、2015年8月（夏季）、2015年10月（秋季）和2015年12月（冬季），使用500 mL洁净纯净水瓶，采集50 cm亚表层水样进行分析检测。pH和水温采用温度计法（GB6920—1991）和玻璃电极法（GB6920—1986）[12]，由双量程测

图 3　湖心岛调查中的我们

量仪（pH 56 型，MARTINI）现场测定。TN 采用分光光度计法（淡水调查规范）[11]，用浓度仪（HI96728 型，HANNA）实验室测定。TP 采用分光光度计法（淡水调查规范）[11]，用浓度仪（HI96706 型，HANNA）实验室测定。

Chl a 采用乙醇分光光度计法[13]。具体为：将水样摇匀精确度量，用醋酸微孔纤维滤膜（0.45 μm）过滤；滤纸冰箱冷冻 12 h；将滤纸蓊碎后用 10 mL 热乙醇（80℃）萃取 2 min，后转为低温避光萃取 5 h；用离心机离心处理萃取样液 5 min（4 000 r·min^{-1}）；用分光光度计分别于 665 nm 和 750 nm 处测吸光值，然后加入 3 滴 1 mol·L^{-1} 的盐酸酸化，重新于 665 nm 和 750 nm 处测吸光值。测量后，代入公式：Chl a$_{乙醇}$=27.9×（$E_{665} - E_{750} - A_{665} + A_{750}$）$V_{乙醇}/V_{水样}$ 计算。其中，Chl a 乙醇为乙醇法测定的 Chl a 的含量（μg·L^{-1}），E_{665} 为乙醇萃取液于波长 665 nm 的吸光值，E_{750} 为乙醇萃取液于波长 750 nm 的吸光值，A_{665} 为乙醇萃取液酸化后于波长 665 nm 的吸光值，A_{750} 为乙醇萃取液酸化后于波长 750 nm 的吸光值，$V_{乙醇}$ 为乙醇萃取液的体积（mL），$V_{水样}$ 为水样过滤的体积（L）。

2.3 统计分析

研究水环境 Chl a、水温、pH、TN 和 TP 的距离效应，Chl a 与水环境因子水温、pH、TN 和 TP 的相关性，建立回归方程。所有数据分析均采用 SPSS 17.0 中文版软件。

3 结果与分析

3.1 湖心岛附近水体水质评价

祊河湖心岛附近水体水温年均值 19.2℃，变动范围为 4.6℃～33.6℃。pH 年均值 7.63，变动范围为 6.96～9.32。TN 年均值 3.07 mg·L^{-1}，为劣 V 类水；变动范围为 0.85～5.12 mg·L^{-1}，为Ⅲ～劣 V 类水。TP 年均值 0.09 mg·L^{-1}，为 Ⅱ 类水；变动范围为 0.02～0.33 mg·L^{-1}，为 Ⅰ～V 类水。Chl a 年均值 53.57 μg·L^{-1}，为Ⅳ类水；变动范围为 5.58～150.65 mg·L^{-1}，为 Ⅱ～V 类水。

我们将祊河湖心岛附近水体与周围 300 km 范围内的大型湖泊水库进行比较，结果显示：TN，东平湖（3.21 mg·L^{-1}）[14]＞祊河湖心岛（3.07 mg·L^{-1}）＞南四湖（2.61 mg·L^{-1}）[15]＞云蒙湖（1.58 mg·L^{-1}）＞石梁河水库（0.92 mg·L^{-1}）[16]；石梁河水库（0.09 mg·L^{-1}）[16]＞云蒙湖（0.07 mg·L^{-1}）；Chl a，祊河湖心岛（53.57 μg·L^{-1}）＞南四湖（31.5 μg·L^{-1}）[15]＞云蒙湖（30.6 μg·L^{-1}）＞东平湖（18.3 μg·L^{-1}）[14]。祊河湖心岛附近水体 TN 和 Chl a 较高，TP 较低。

3.2 湖心岛对水体影响的距离效应

祊河湖心岛附近水温呈现为 1 m > 1 000 m > 20 m > 10 m（图4A），pH 呈现为 10 m > 1 m > 1 000 m > 20 m（图4B），TN 呈现为 1 m > 10 m > 20 m > 1 000 m（图4C），TP 呈现为 1 000 m > 20 m > 10 m > 1 m（图4D），Chl a 呈现为 1 000 m > 10 m > 20 m > 1 m（图4E）。祊河湖心岛对水体 TN 和 TP 呈现为完全相反的两种影响特征，即湖心岛对周围水体产生了降 TP 增 TN 效应。

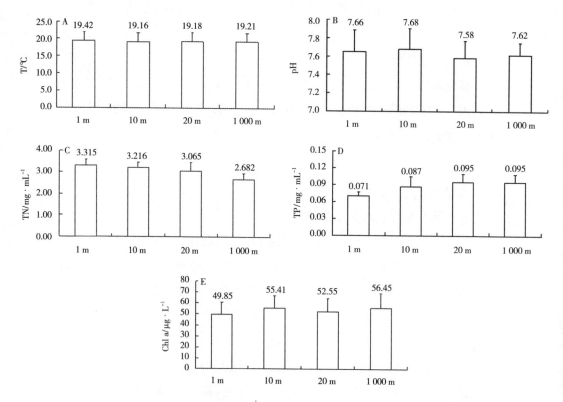

图 4 湖心岛对水温、pH、TN、TP、Chl a 距离效应

3.3 湖心岛附近水体 Chla 与水环境因子相关性

大量研究显示浮游植物的生长受到水温、pH、TN、TP 等影响[17-18]。本研究表明，湖心岛附近水体 Chl a 与水温呈现显著正相关（R^2=0.5725，$p < 0.05$）（图 5A），与 pH 呈现极显著正相关（R^2=0.7656，$p < 0.01$）（图 5B），与 TN 呈现不显著负相关（R^2=0.2235，$p > 0.05$）（图 5C），与 TP 呈现不显著负相关（R^2=0.04，$p > 0.05$）（图 5D）。

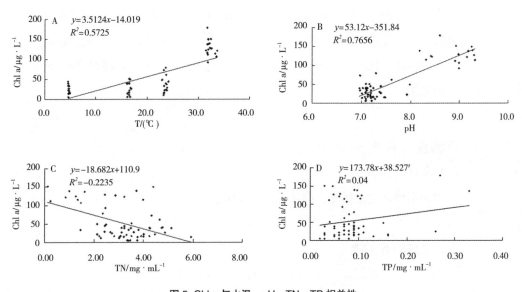

图 5　Chl a 与水温、pH、TN、TP 相关性

许多研究表明，TN/ TP 要比单纯的 TN 和 TP 对浮游植物的生长有着更为直接的关系，当 N/ P 大于 7 时，可能为 P 限制性；当 N/ P 小于 7 时，则可能为 N 限制性[19-21]。本研究表明，湖心岛附近水体 N/ P 为 35.45，为 P 限制性。

4 结论与建议

枋河湖心岛附近水体水温、pH、TN、TP 和 Chl a 全年调查均值分别为 19.2℃、7.63、3.07 mg·L^{-1}、0.09 mg·L^{-1} 和 53.57 µg·L^{-1}，水质为Ⅱ～劣Ⅴ

类。湖心岛附近水体 Chl a 与水温呈现显著正相关（$R^2=0.5725$，$p < 0.05$），与 pH 呈现极显著正相关（$R^2=0.7656$，$p < 0.01$），与 TN 呈现不显著负相关（$R^2=0.2235$，$p > 0.05$），与 TP 呈现不显著负相关（$R^2=0.04$，$p > 0.05$）。N/ P 为 35.45，为 P 限制性。

祊河湖心岛附近水温为 1 m＞1 000 m＞20 m＞10 m，pH 为 10 m＞1 m＞1 000 m＞20 m，TN 为 1 m＞10 m＞20 m＞1 000 m，TP 为呈现为 1 000 m＞20 m＞10 m＞1 m，Chl a 为 1 000 m＞10 m＞20 m＞1 m，湖心岛对周围水体产生了降磷增氮效应。

政府应当加强污水随意排放检查力度，坚决杜绝工业废水随意排放，重视湖心岛的湿地净化效应，由祊湖心岛至全国河流湖泊中的岛屿，响应国家政策，提高水体的自我净化能力，落实可持续发展战略，走出一条经济发展与环境改善的双赢之路。

5 调查与宣传

5.1 设计调查问卷

针对大家感兴趣的话题，设计了 5 个选择题。

5.2 发放调查问卷

在街头进行调查，共发放 50 份，回收有效调查问卷 50 份。

5.3 调查问卷结果

在调查中，调查人群表示祊河湖心岛：似乎见过＞经常看到＞从未注意（图 6A）；调查人群表示祊河湖心岛对周围水体影响和改善程度：很好影响＝没有作用＞很坏影响＞稍微有用（图 6B）；调查人群认为祊河湖心岛对水体的最大影响范围：20 m＞10 m＞1 000 m＞1 m（图 6C）；对于祊河湖心岛的价值来说，48% 的受访者认为能为水生生物提供栖息地，12% 的受访者表示湖心岛更能体现的是旅游价值（图 6D）。而对于湖心岛未来的发展方向，70% 的受访者觉得应当加以保护（图 6E）。

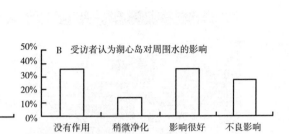

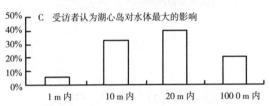

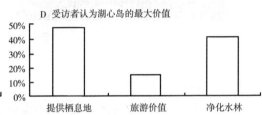

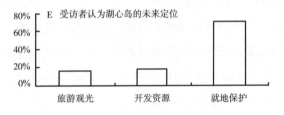

图 6 受访者调查

5.4 媒体宣传

我们研究团队在调查研究过程中，接受了临沂市电视台的采访和报道。

2015年10月28日上午，由中华环保联合会和临沂市环保局联合举办的"中华环保书画公益万里行走进临沂"活动在临沂市文化馆拉开帷幕，中华环保联合会有关负责同志和临沂市环保局党组副书记冯凡华出席开幕式并致辞。我们研究团队受邀参加启动仪式，获赠由书画家何占福和企业家朱呈祊提供的环保图书，并接受记者采访，向与会来宾介绍了"祊河湖心岛对水体影响的距离效应调查研究"环保活动。

图 7　媒体宣传

5.5 社会宣传

为了提高"祊河湖心岛距离效应对水体的影响调查"的社会影响，积极向群众宣传环保意识，积极响应 2016 年 1 月 17 日在北京召开的第七届世界环保大会。我们进行了公开宣传和街头宣传。在发放的传单中，我们向大众进行了读阅式知识普及，呼吁大众参与保护湖心岛。积极响应了国际环保大会中所提倡的：提高广大民众的意识，共同采取行动，以更加开放和积极的态度，有效的措施，实现对环境保护。

2016 年 3 月 17 日，我们在临沂四中举办了"祊河湖心岛对水体作用"演讲，主题为"爱护湖心岛，保护我们的未来"，这次演讲介绍了祊河湖心岛对水体的距离效应调查研究，向大家展示了我们最新的研究成果。

图 8　社会宣传

6 感想与体会

从项目开始到现在，差不多持续了 1 年，我们曾经历多次失败和挫折，从水样选取，到实验室内检测和分析，再到通过周密计算得出相应结论，我们面临着一次又一次的挑战。但是，每一次的失败与挑战，都阻挡不了我们对科学探究的兴趣与热情，所谓"在哪里跌倒，就在哪里爬起来"，我们就是秉承这个信念，相互鼓励，积极探索，终于挺过了严寒酷暑，带着坚持与努力的状态毅然决然地走到了今天。

通过此次科学探究活动，我们实践了许多，获得了许多，每张漂亮的数据图呈现在眼前时，都会有一种无尽的喜悦感。课题虽做得还略显稚嫩，但这是我们整个团队团结协作的收获，这才是我们进行科学探究活动最大的幸福。

困难和挫折永远挡不住前行的脚步，因为我们有不怕困难的心、双勇于攀登的脚和万山也压不倒的信念；湖心岛科学探究，我们一直在坚守，我们一直在努力！

参考文献

[1] Gao J Q, Xiong Z T, Zhang J D, et al. Phosphorus removal from water of eutrophic Lake Donghu by five submerged macrophytes[J]. Desalination, 2009, 242: 193-204.

[2] 李恒鹏, 朱广伟, 陈伟民, 等. 中国东南丘陵山区水质良好水库现状与天目湖保护实践 [J]. 湖泊科学, 2013, 25（6）: 775-784.

[3] 王震, 邹华, 杨桂军, 等. 太湖叶绿素 a 的时空分布特征及其与环境因子的相关关系 [J]. 湖泊科学, 2014, 26（4）: 567-575.

[4] 田时弥, 杨扬, 乔永民, 等. 珠江流域东江干流浮游植物叶绿素 a 时空分布及与环境因子的关系 [J]. 湖泊科学, 2015, 27（1）: 31-37.

[5] 况琪军, 马沛明, 胡征宇. 湖泊富营养化的藻类生物学评价与治理研究进展 [J]. 安全与环境学报, 2005, 5（2）: 87-91.

[6] 吴阿娜，朱梦杰，汤琳，等．淀山湖蓝藻水华高发期叶绿素 a 动态及相关环境因子分析 [J].湖泊科学，2011，23（1）：67-72.

[7] 吕唤春，王飞儿，陈英旭，等．千岛湖水体叶绿素 a 与相关环境因子的多元分析 [J].应用生态学报，2003，14（8）：1347-1350.

[8] 高远，苏宇祥，亓树财．沂河流域浮游植物与水质评价 [J].湖泊科学，2008，20（4）：544-548.

[9] 高远，慈海鑫，亓树财，等．沂河 4 条支流浮游植物多样性季节动态与水质评价 [J].环境科学研究，2009，22（2）：176-180.

[10] 高远，亓树财，苏宇祥，等．沂河和祊河浮游植物多样性季节动态与水质评价 [J].海洋湖沼通报，2010，32（2）：109-113.

[11] 国家环境保护总局《水和废水监测分析方法》编委会．水和废水监测分析方法 [M].第 4 版．北京：中国环境科学出版社，2002，650-653.

[12] 国家环境保护总局，国家质量保护总局．地表水环境质量标准GB3838—2002.中国环境科学出版社，2002.

[13] 况琪军，马沛明，胡征宇．湖泊富营养化的藻类生物学评价与治理研究进展 [J].安全与环境学报，2005，5（2）：87-91[13].

[14] 孙栋，段登选，王志忠，等．东平湖水质监测与评价 [J].淡水渔业，2006，36（4）：13-16.

[15] 李艳红，杨丽原，刘恩峰，等．南四湖富营养化评价与原因分析 [J].济南大学学报（自然科学版），2010，24（2）：212-215.

[16] 韩照祥，李璋韬，胡小明．石梁河水库水质评价与变化趋势及防治对策 [J].江苏农业科学，2012，40（12）：348-350.

[17] 梅卫平，江敏，阮慧慧，等．滴水湖叶绿素 a 时空分布及其与水质因子的关系 [J].生态学杂志，2013，32（5）：1249-1254.

[18] 汪剑，郭沛涌，钟燕华，等．厦门两水库冬季水体氮的空间分布及相关环境因子 [J].生态学杂志，2011，30（8）：1751-1756.

[19] Lau S S S, Lane S N. Biological and chemical factors influencing shallow lake eutrophication: Along termstudy[J]. Science of the total environment, 2002, 288（3）: 167-181.

[20]　陈永根, 刘伟龙, 韩红娟, 等. 太湖水体叶绿素 a 含量与氮磷浓度的关系 [J]. 生态学杂志, 2007, 26（12）: 2062-2068.

[21]　Liu X, Lu X H, Chen Y W. The effects of temperature and nutrient ratios on *Microcystis* blooms in Lake Taihu, China: an 11-year investigation[J]. Harmful Algae, 2011, 10（3）: 337-343.

草岛和树岛对沂河水体影响

【摘要】　我们实地调查沂河草岛和树岛的水温、pH、总氮、总磷与 Chl a 含量差异，并结合问卷调查结果，期望能为沂河水资源保护提供重要参考。调查问卷采用街头访问，设置了 5 道选择题，发放 50 份问卷；野外调查在沂河设置了 3 个研究样地，即草岛水域、树岛水域和河道水域，每个样地设置了 8 组重复水样采集点，采样时间为 2016 年 5 月、8 月和 10 月；pH 和水温采用温度计法和玻璃电极法现场测定。总氮、总磷和 Chl a 含量采用分光光度计法实验室测定。调查问卷结果显示，公众对沂河草岛和树岛仅稍有印象或未曾留意；认为草岛和树岛数量差不多或草岛数量更多；认为草岛和树岛会改善水质，主要提供鸟类栖息地价值，未来可作为飞鸟乐园、净水先锋或视觉美学范例。取样调查结果显示，沂河水温为河道水域＞草岛水域＞树岛水域，pH 和总氮含量均为树岛水域最高，总磷含量为河道水域＞树岛水域＞草岛水域，Chl a 含量为草岛水域最高。该结果显示，草岛和树岛可降低附近水温，且树岛降幅优于草岛；树岛可较大幅度升高附近 pH 和总氮含量；草岛和树岛可降低附近总磷含量，且草岛降幅优于树岛；草岛可大幅度升高附近 Chl a 含量。我们给出以下建议：① 严格保护沂河浅水区域现有的草岛和树岛，努力提高植物覆盖面积，恢复原生湿地生态，提升对氮磷的拦截和净化能力；② 科学放流鲢鱼鳙鱼等净水鱼类，控制藻类植物生长，提高水体自净能力；③ 重视草岛和树岛的湿地净化效应，做到经济发展与环境改善双赢。

【关键词】　沂河；草岛；树岛；水质

1 研究提出

水体富营养化是当前最重要的水污染问题。[1]沂河属淮河流域重要河流，全长 574 km，流域面积 $1.73 \times 10^4 \text{km}^2$。[2]目前已有关于沂河浮游植物多样性与水质评价的研究[2-4]，但尚未见草岛和树岛对水体影响的研究报道。我们实地调查了沂河草岛和树岛的水温、pH、总氮、总磷与 Chl a 含量差异，并结合问卷调查结果，期望能为沂河水资源保护提供重要参考。

2 研究实施

2.1 调查研究区域

我们所研究的草岛和树岛均位于沂河城区段，草岛和树岛均为泥土质地，草岛主要植被为芦苇丛等草本水生植物，树岛主要植被为垂柳林等乔木。

2.2 调查研究方法

2.2.1 问卷调查

针对大家感兴趣的话题，设计了 5 个选择题。在街头进行调查，共发放 50 份，回收有效调查问卷 50 份。

"草岛和树岛对沂河水体影响调查研究"
调查问卷

草岛特指长满草本植物的湖心岛，树岛特指长满乔木植物的湖心岛

（1）请问您是否曾留意过沂河河道中的湖心岛？　　　　　　　　　　（　　）

　　　A. 未曾留意　　　　　B. 稍有印象　　　　　C. 重点关注

（2）请问您感觉沂河河道中的草岛和树岛数量哪个更多？　　　　　　（　　）

　　　A. 草岛数量多　　　B. 树岛数量多　　　C. 两者差不多

（3）请问您感觉沂河河道中的草岛和树岛是否会影响周围水质？

　　　　　　　　　　　　　　　　　　　　　　　　　　　　　（　　）

　　　A. 基本没有作用　　　B. 会使水质下降　　　C. 会使水质上升

（4）请问您认为沂河河道中的草岛和树岛提供的最大价值是什么？

　　　　　　　　　　　　　　　　　　　　　　　　　　　　　（　　）

A. 鸟类栖息地　　　　　　　B. 视觉美效应

C. 旅游休憩地　　　　　　　D. 其他价值 _____

（5）请问您认为沂河河道中的草岛和树岛未来的定位是什么？　（　　）

A. 飞鸟乐园　　　　B. 旅游胜地

C. 净水先锋　　　　D. 视觉美学　　　　　　E. 其他定位 _____

2.2.2 野外调查

本次野外调查（图1）在沂河设置了3个研究样地：草岛水域、树岛水域和河道水域，每个样地设置了8组重复水样采集点，分别为东向、南向、西向、北向、东南向、西南向、东北向和西北向，采样时间为2016年5月（夏季）、2016年8月（夏季）和2016年10月（秋季），使用500 mL洁净纯净水瓶，采集50 cm亚表层水样进行分析检测。

pH和水温采用温度计法（GB6920—1991）和玻璃电极法（GB6920—1986）[5]，由双量程测量仪（pH 56型，MARTINI）现场测定。总氮含量采用分光光度计法（《淡水调查规范》）[6]，用浓度仪（HI96728型，HANNA）实验室测定。总磷含量采用分光光度计法（《淡水调查规范》）[5]，用浓度仪（HI96706型，HANNA）实验室测定，Chl a含量采用乙醇分光光度计法[13]。

Chl a含量具体测定方法为：将水样摇匀精确度量，用醋酸微孔纤维滤膜（0.45 μm）过滤；滤纸冰箱冷冻12 h；将滤纸翦碎后用10 mL热乙醇（80℃）萃取2 min，之后转为低温避光萃取5 h；用离心机离心处理萃取样液5 min（4 000 r·min^{-1}）；用分光光度计分别于665 nm和750 nm处测吸光值，然后加入3滴1 mol·L^{-1}的盐酸酸化，重新于665 nm和750 nm处测吸光值。

测量完毕后，代入公式：

Chl a$_{乙醇}$=27.9×（E_{665} − E_{750} − A_{665} + A_{750}）$V_{乙醇}$/$V_{水样}$。

其中，Chl a乙醇为乙醇法测定的Chl a的含量（μg·mL^{-1}），E_{665}为乙醇萃取液于波长665 nm的吸光值，E_{750}为乙醇萃取液于波长750 nm的吸光值，$A_{665乙醇}$萃取液酸化后于波长665 nm的吸光值，A_{750}乙醇萃取液酸化后于波长750 nm的吸光值，$V_{乙醇}$为乙醇萃取液的体积（mL），$V_{水样}$为水样过滤的体积（L）。

图 1　草岛和树岛对沂河水体的影响调查

3 研究结果

3.1 问卷调查结果

问卷调查结果显示：公众对沂河草岛和树岛仅稍有印象，甚至未曾留意（图

2A）；公众大多估计草岛和树岛数量差不多或草岛数量更多（图 2B）；公众大多认为草岛和树岛会改善水质（图 2C）；公众大多认为草岛和树岛主要提供鸟类栖息地价值（图 2D）。而对于草岛和树岛的未来定位，公众大多认为可作为飞鸟乐园、净水先锋或视觉美学（图 2E）。

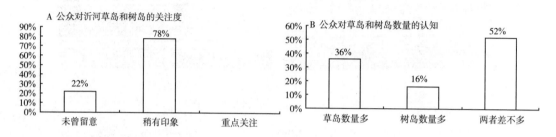

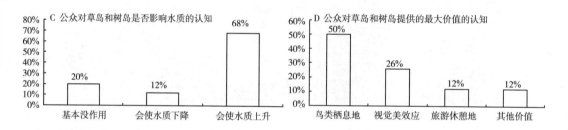

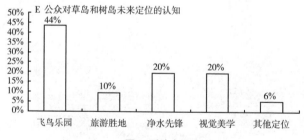

图 2 受访者调查

3.2 野外调查结果

沂河水体春季和秋季水温为：河道水域＞草岛水域＞树岛水域，夏季水温为：河道水域＞草岛水域＝树岛水域（图 3A）。沂河水体春季和秋季 pH 为：树岛水域＞河道水域＞草岛水域，夏季 pH 为：树岛水域＞草岛水域＞河道水域(图 3B)。沂河水体春季和夏季总氮含量为: 树岛水域＞河道水域＞草岛水域，秋季总氮含量为：树岛水域＞草岛水域＞河道水域（图3C）。沂河水体春季、夏季和秋季总磷含量均为：河道水域＞树岛水域＞草岛水域（图3D）。沂河水体春季 Chl a 含量：草岛水域＞树岛水域＞河道水域，夏季和秋季 Chl a 含量：草岛水域＞河道水域＞树岛水域（图3E）。

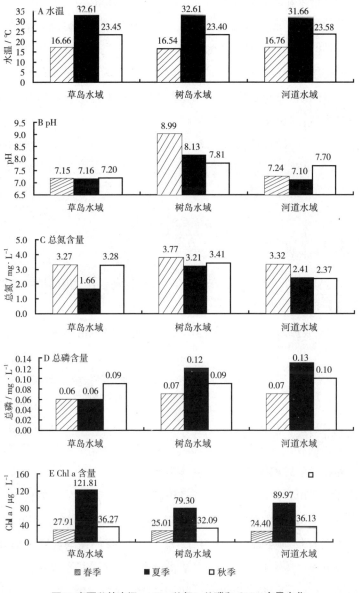

图3　春夏秋的水温、pH、总氮、总磷和 Chl a 含量变化

4 研究结论

2016 年 3 月 5 日，李克强总理在向十二届全国人大四次会议做政府工作报告时指出，"加强流域水环境综合治理""加强生态安全屏障建设"。当前沂河河道内的草岛和树岛植被茂盛，生态系统运转良好。

问卷调查结果显示：公众对沂河草岛和树岛仅稍有印象或未曾留意；认为草岛和树岛数量差不多或草岛数量更多；认为草岛和树岛会改善水质，主要作用是提供鸟类栖息地，未来可作为飞鸟乐园、净水先锋或视觉美学范例。

取样调查结果显示，整体上看，沂河水体水温为：河道水域 > 草岛水域 > 树岛水域；pH 和总氮含量均为树岛水域最高；总磷含量为：河道水域 > 树岛水域 > 草岛水域；Chl a 含量为草岛水域最高。该结果显示：① 草岛和树岛可降低附近水温，且树岛降幅优于草岛。② 树岛可较大幅度升高附近 pH 和总氮含量。③ 草岛和树岛可降低附近总磷含量，且草岛降幅优于树岛。④ 草岛可大幅度升高附近 Chl a 含量。

5 对策与建议

（1）严格保护沂河浅水区域现有的草岛和树岛，努力提高植物覆盖面积，恢复原生湿地生态，提升对氮磷的拦截和净化能力。

（2）科学放流鲢鱼、鳙鱼等净水鱼类，控制藻类植物生长，提高水体自净能力。

（3）重视草岛和树岛的湿地净化效应，实现经济发展与环境改善双赢。

6 活动宣传

为了提高"草岛和树岛对沂河水体影响调查研究"的社会影响力，积极向群众宣传环保意识，我们进行了公开宣传和街头宣传。在发放的传单中，我们向大众进行了知识普及，如草岛和树岛的性质、保护草岛和树岛的方法和手段，呼吁大众参与保护湖心岛。2016 年 12 月 12 日，我们在临沂四中举办了"草岛和树岛对沂河水体影响调查研究"演讲，主题为"爱护草岛和树岛，保护沂河母亲河"，这次演讲向大家展示了我们最新的研究成果。

参考文献

[1] Gao J Q, Xiong Z T, Zhang J D, et al. Phosphorus removal from water of eutrophic Lake Donghu by five submerged macrophytes[J]. Desalination, 2009, 242: 193-204.

[2] 高远, 苏宇祥, 亓树财. 沂河流域浮游植物与水质评价 [J]. 湖泊科学, 2008, 20（4）: 544-548.

[3] 高远, 慈海鑫, 亓树财, 等. 沂河 4 条支流浮游植物多样性季节动态与水质评价 [J]. 环境科学研究, 2009, 22（2）: 176-180.

[4] 高远, 亓树财, 苏宇祥, 等. 沂河和祊河浮游植物多样性季节动态与水质评价 [J]. 海洋湖沼通报, 2010, 32（2）: 109-113.

[5] 国家环境保护总局, 国家质量监督检验检疫总局. 地表水环境质量标准 GB3838—2002 [S]. 中国环境科学出版社, 2002.

[6] 国家环境保护总局《水和废水监测分析方法》编委会. 水和废水监测分析方法 [M]. 第 4 版. 北京: 中国环境科学出版社, 2002, 650-653.

临沂柳青河水质调查与季节动态

【摘要】 本次调查在柳青河设置了9个采样点，采样时间为2017年3月、6月和9月。采用pH、COD、总氮、总磷和氨氮评价柳青河水质与季节动态。结果显示，柳青河pH和总磷含量为秋季＞春季＞夏季，COD和总氮含量为夏季＞秋季＞春季，铵态氮含量为春季＞秋季＞夏季。整体上看，柳青河春季、夏季和秋季营养水平均处于较高水平，COD含量为Ⅳ类至Ⅴ类，总氮均为劣Ⅴ类，总磷为Ⅴ类至劣Ⅴ类，氨氮为Ⅱ类至劣Ⅴ类。柳青河pH：上游＞下游＞中游，COD、总氮、总磷和铵态氮：下游＞中游＞上游。整体上看，柳青河中游和下游营养水平均处于较高水平，上游水体稍好，COD为Ⅲ类至Ⅴ类，总氮和总磷含量均为Ⅲ类至劣Ⅴ类，氨氮含量为Ⅱ类至劣Ⅴ类。

【关键词】 柳青河；pH；COD；总氮；总磷；氨氮

随着经济的发展，污废水排放量增加，水体富营养化已成为全球性水环境问题。[1-2]水体富营养化将导致浮游植物数量急剧增加、水华的发生以及生态系统受到破坏等一系列生态问题。[3]水体营养是整个水生态系统中物质循环和能量流动的基础，是反映水环境特点和质量的重要指标，广泛应用于水环境监测和评价等方面研究。[4-5]沂河属淮河流域重要河流，位于山东南部与江苏北部（34°23'N～36°20'N, 117°25'E～118°42'E），源自山东省沂源县，至江苏省邳州市吴楼村入新沂河（沂河分洪河道），抵燕尾港入黄海，全长574 km，流域面积$1.73×10^4$ km²。[6-7]本次研究的柳青河全长34 km，流域面积258 km²，为沂河重要的支流[8]，目前已有关于柳青河浮游植物多样性与水质评价的研究[8]。以临沂柳青河为研究对象，我们于 2017 年 3 月、6 月和 9 月采集水样，实验室检测 pH、COD、总氮、总磷和氨氮含量，显示临沂柳青河的水质现状与季节差异，为柳青河流域水环境保护、维持和治理提供了科学依据和决策咨询。

1 材料与方法

1.1 研究区域

柳青河流域属构造剥蚀堆积平原区，温带季风气候，四季分明，流域内年平均降水量 850 mm。柳青河发源于临沂市兰山区李官镇与白沙埠镇一带和汪沟镇北双山子南麓，两源汇于枣沟头镇陶家庄东，南流经杏花、赵岔河等村于王家岔河村东南入沂河和祊河交汇处。

1.2 研究方法

参考相关研究[6-8]，本次调查在柳青河设置了 3 组采样点，分别为白沙埠河段（柳青河上游）、枣沟头河段（柳青河中游）和三河口河段（柳青河下游），每组采样点各采集水样 3 瓶，分别为河流左段、中段和右段。采样时间为 2017 年 3 月、6 月和 9 月，使用 500 mL 洁净纯净水瓶，采集 50 cm 亚表层水样封存，样品送至临沂市环境监测站分析。

2 结果与分析

2.1 柳青河不同季节水体差异

柳青河 pH 和总磷季节间特征：秋季＞春季＞夏季；COD 和总氮含量季节间特征：夏季＞秋季＞春季；铵态氮季节间特征：春季＞秋季＞夏季（图 1）。依据《中华人民共和国地表水环境质量标准 GB 3838—2002》，采用 COD、总氮、总磷和氨氮评价柳青河的水质。以 COD 单一指标评价柳青河不同季节的水质：春季和秋季为Ⅳ类，夏季为Ⅴ类；以总氮单一指标评价柳青河不同季节的水质：春季、夏季和秋季均为劣Ⅴ类；以总磷单一指标评价柳青河不同季节的水质：春季和秋季为劣Ⅴ类，夏季为Ⅴ类；以氨氮单一指标评价柳青河不同季节水质：

春季为劣Ⅴ类，夏季为Ⅱ类，秋季为Ⅳ类。整体上看，柳青河春季、夏季和秋季营养水平均处于较高水平，COD 为Ⅳ类至Ⅴ类，总氮均为劣Ⅴ类，总磷为Ⅴ类至劣Ⅴ类，氨氮为Ⅱ类至劣Ⅴ类。

2.2 柳青河不同河段水体差异

柳青河 pH 河段间特征：上游＞下游＞中游；COD、总氮、总磷和铵态氮河段间特征：下游＞中游＞上游（图1）。以 COD 单一指标评价柳青河不同河段水质：上游为Ⅲ类，中游为Ⅳ类，下游为Ⅴ类；以总氮单一指标评价柳青河不同河段水质：上游为Ⅲ类，中游和下游为劣Ⅴ类；以总磷单一指标评价柳

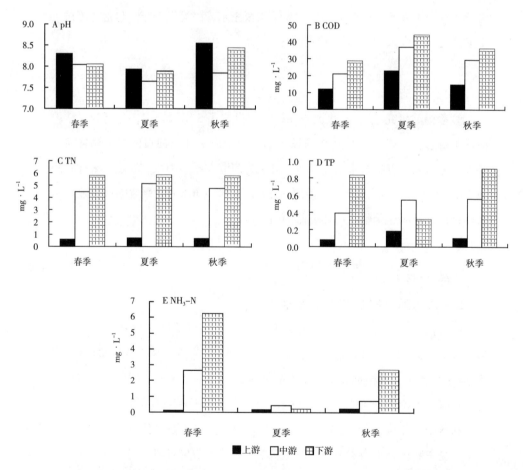

图1 柳青河 pH（A）、COD（B）、总氮（C）、总磷（D）和氨氮（E）含量的季节差异

青河不同河段水质：上游为Ⅲ类，中游和下游为劣Ⅴ类；以氨氮单一指标评价柳青河不同河段水质：上游为Ⅱ类，中游为Ⅳ类，下游为劣Ⅴ类。

整体上看，柳青河中游和下游营养水平均处于较高水平，上游水体稍好，COD 为Ⅲ类至Ⅴ类，总氮和总磷均为Ⅲ类至劣Ⅴ类，氨氮为Ⅱ类至劣Ⅴ类。

3 对策与建议

柳青河 pH 和总磷含量：秋季＞春季＞夏季；COD 和总氮含量：夏季＞秋季＞春季；铵态氮含量：春季＞秋季＞夏季。整体上看，柳青河春季、夏季和秋季营养水平均处于较高水平，COD 为Ⅳ类至Ⅴ类，总氮含量均为劣Ⅴ类，总磷含量为Ⅴ类至劣Ⅴ类，氨氮含量为Ⅱ类至劣Ⅴ类。柳青河 pH 值：上游＞下游＞中游；COD、总氮、总磷和铵态氮含量：下游＞中游＞上游。整体上看，柳青河中游和下游营养水平均处于较高水平，上游水体稍好，COD 为Ⅲ类至Ⅴ类，总氮和总磷含量均为Ⅲ类至劣Ⅴ类，氨氮含量为Ⅱ类至劣Ⅴ类。建议尽快启动柳青河综合整治工程，比如点面源污染处理、雨污分流、河道清淤和环境整治，以便降低柳青河水体营养水平。

参考文献

[1]　Gao J Q, Xiong Z T, Zhang J D, et al. Phosphorus removal from water of eutrophic Lake Donghu by five submerged macrophytes[J]. Desalination, 2009, 242（1）: 193-204.

[2]　韩博平. 中国水库生态学研究的回顾与展望[J]. 湖泊科学, 2010, 22（2）: 151-160.

[3]　秦伯强, 罗潋葱. 太湖生态环境演化及其原因分析[J]. 第四纪研究, 2004, 24（5）: 561-567.

[4]　李恒鹏, 朱广伟, 陈伟民, 等. 中国东南丘陵山区水质良好水库现状与

天目湖保护实践 [J]. 湖泊科学 , 2013, 25（6）: 775-784.

[5] 黄丹 , 李霄 , 望志方 , 等 . 长江天鹅洲故道浮游植物群落结构及水质评价 [J]. 水生态学杂志 , 2016, 37（5）: 8-14.

[6] 高远 , 苏宇祥 , 亓树财 . 沂河流域浮游植物与水质评价 [J]. 湖泊科学 , 2008, 20（4）: 544-548.

[7] 高远 , 亓树财 , 苏宇祥 , 等 . 沂河和祊河浮游植物多样性季节动态与实质评价 [J]. 海洋湖沼通报 , 2010, 32（2）: 109-113.

[8] 高远 , 慈海鑫 , 亓树财 , 等 . 沂河 4 条支流浮游植物多样性季节动态与实质评价 [J]. 环境科学研究 , 2009, 22（2）: 176-180.

关于临沂孝河水质调查与分析

»————————————————————————————————

【摘要】　本次调查在孝河设置了 9 个采样点，采样时间为 2017 年 8 月。采用 pH、COD、氨氮、总氮和总磷含量评价孝河水质与河段差异。结果显示，孝河水体营养水平很高，总氮和总磷含量均为劣 V 类，COD 和氨氮含量基本为 IV 至 V 类。孝河 pH 和总氮含量为下游显著高于上游和中游，COD 和氨氮含量为中游显著高于上游和下游。

【关键词】　孝河；pH；COD；氨氮；总氮；总磷

孝河是山东省临沂北城新区东北部重要的行洪河道。近年来，随着城市建设和区域经济发展，孝河沿岸大量的生活污水和垃圾排入河中，致使河床淤塞、污水流淌，污染十分严重。为了有效贯彻国家关于向水污染宣战的战略部署，本文以山东临沂孝河为研究对象，采集水样实验室检测 pH、COD、氨氮、总氮和总磷含量，调查临沂孝河水质现状，为孝河流域水环境保护、维持和治理提供科学依据和决策咨询，旨在推进农村环境综合整治工作，持续改善农村人居环境。

1 材料与方法

1.1 研究区域

孝河流域属于温带季风气候，四季分明。本次研究的孝河为山东省临沂市最大河流沂河的支流，发源于临沂市兰山区白沙埠镇邵家双湖村，流经白沙埠镇、柳青街道办事处至朱高村入沂河。河长 10.5 km，流域面积 15.5 km²。流域内白沙埠镇的 "孝河白莲藕" 被确认为国家农产品地理标志产品，保护范围在白沙埠镇辖区内朱潘、西孝友等孝河流域，共 50 个行政村，总生产面积 300 余亩，年总产量 1500 t[1]。2008 年 10 月 25 日，首届中国临沂孝河文化节后，当地党委、政府多次通过举办孝河文化节等活动，提升"孝河白莲藕"的美誉度。

1.2 研究方法

参考相关研究[2−9]，本次调查在孝河设置了 3 组采样点，分别为邵家双湖村河段（孝河上游）、玩花楼村河段（孝河中游）和朱高村河段（孝河下游），每组采样点各采集水样 3 瓶，分别为河流左段、中段和右段。采样时间为 2017 年 8 月，使用 500 mL 洁净纯净水瓶，采集 50 cm 亚表层水样封存，样品送至临沂正平工程咨询有限公司分析。COD 依据《中华人民共和国环境保护行业标准 HJ /T 399—2007》，采用快速消解分光光度法检测。氨氮含量测定依据《中华人民共和国环境保护行业标准 HJ 535—2009》，采用纳氏试剂分光光度法检测。总氮含量测定依据《中华人民共和国环境保护行业标准 HJ 636—2012》，采用过硫酸钾氧化紫外分光光度法检测。总磷含量测定依据《中华人民共和国环境保护行业标准 GB 11893—1989》，采用钼酸铵分光光度法检测。

2 结果与分析

2.1 孝河水质评价

依据《中华人民共和国地表水环境质量标准 GB 3838—2002》，采用 COD、氨氮、总磷含量评价孝河的水质，同时，以湖库指标对总氮监测数据进行了比较。以 COD 单一指标评价孝河的水质：上游Ⅰ类、中游Ⅴ类、下游Ⅳ类；以氨氮单一指标评价孝河的水质：上游Ⅳ类、中游Ⅴ类、下游Ⅳ类；以总磷单一指标评价孝河水质：上游劣Ⅴ类、中游劣Ⅴ类、下游劣Ⅴ类。整体上看，孝河水体营养水平很高，总磷全河段均为劣Ⅴ类，严重超标，COD 和氨氮水平也基本达到了Ⅳ至Ⅴ类水平，全河段总氮监则数据均劣于湖库总氮 V 类指标要求。

2.2 孝河不同河段水体差异

孝河全河段水体 pH 均为弱碱性，下游显著高于上游和中游（$p<0.05$），上游和中游差距不大（图 1A）。COD 中游显著高于上游和下游（$p<0.05$），上游和下游差距不大（图 1B）。氨氮中游显著高于上游和下游（$p<0.05$），上游和下游差距不大（图 1C）。总氮下游显著高于上游和中游（$p<0.05$），上游和中游差距不大（图 1D）。总磷含量从高到低呈现为中游＞上游＞下游（图 1E）。

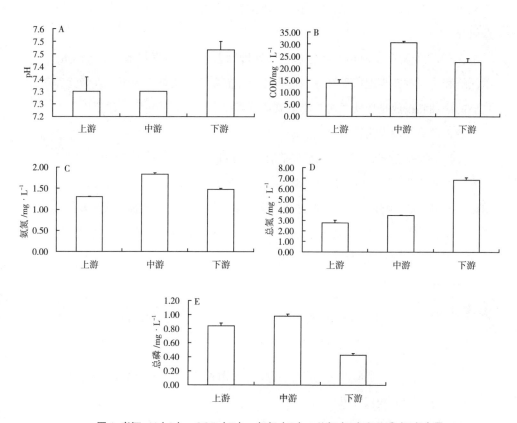

图 1 孝河 pH（A）、COD（B）、氨氮（C）、总氮（D）和总磷（E）含量

3 对策与建议

（1）孝河因王祥 "卧冰求鲤、伺奉继母" 而闻名，具有 1 800 余年的历史记载。白沙埠是书圣王羲之、孝圣王祥的故里，孝河流域有着丰富的历史文化资源和浓厚的孝德文化氛围，承载着教人向善孝文化。保护好孝河对于传承人类文明、培育孝德、促进社会和谐发展具有重大的意义，因此，需要持续不断地提高公众的环境保护意识。

（2）孝河水体营养水平很高，总磷含量全河段均为劣 V 类，严重超标，COD 和氨氮含量水平也基本达到了Ⅳ至 V 类水平。孝河 pH 和总氮含量均为下游显著高于上游和中游，COD 和氨氮含量均为中游显著高于上游和下游，总氮污染也十分严重。为此，应当尽快开展孝河流域污染源及其污染贡献的调查研究。

（3）孝河特产孝河藕（国家农产品地理标志产品）、孝河米、孝河鸭蛋、孝河蚌和孝河鲤在当地广受好评，这些特产均需要人工培植或养殖，人为营养物质的添加和投放是导致孝河全流域氮磷营养盐水平增高的主因。建议推行生态农业，严格控制人为营养物质的添加和投放水平。

（4）据悉，近日，临沂孝河疏浚整治工程全线竣工。工程全长 3 560 m，施工内容为河道开挖、河道拓宽、护坡砌体、疏通清淤等，共完成河床清淤 2.6 km，清运土方和淤泥约 $45\times10^4\,m^3$，砌筑护坡 4 200 m。但是，整治工程需要人人爱护，因此，要加强环境管理，加强农村环境综合整治，真正使水清、岸美的景观河展现在市民眼前，保持在以后的生活之中。

参考文献

[1] 刘元迪, 宋维迪. "孝河" 白莲藕获评国家农产品地理标志产品, [EB/OL]. [2013-12-20].

[2] 韩博平. 中国水库生态学研究的回顾与展望[J]. 湖泊科学, 2010, 22(2): 151-160.

[3] 秦伯强, 罗潋葱. 太湖生态环境演化及其原因分析 [J]. 第四纪研究, 2004, 24（5）: 561-567.

[4] 李恒鹏, 朱广伟, 陈伟民, 等. 中国东南丘陵山区水质良好水库现状与天目湖保护实践 [J]. 湖泊科学, 2013, 25（6）: 775-784.

[5] 黄丹, 李霄, 望志方, 等. 长江天鹅洲故道浮游植物群落结构及水质评价 [J]. 水生态学杂志, 2016, 37（5）: 8-14.

[6] Gao J Q, Xiong Z T, Zhang J D, et al. Phosphorus removal from water of eutrophic Lake Donghu by five submerged macrophytes[J]. Desalination, 2009, 242（1）: 193-204.

[7] 高远, 苏宇祥, 亓树财. 沂河流域浮游植物与水质评价 [J]. 湖泊科学, 2008, 20（4）: 544-548.

[8] 高远, 慈海鑫, 亓树财, 等. 沂河 4 条支流浮游植物多样性季节动态与实质评价 [J]. 环境科学研究, 2009, 22（2）: 176-180.

[9] 高远, 亓树财, 苏宇祥, 等. 沂河和祊河浮游植物多样性季节动态与实质评价 [J]. 海洋湖沼通报, 2010, 32（2）: 109-113.

[10] 临沂孝河疏浚整治工程全线竣工"龙须沟"不复存在 [ER/OL]. [2017-8-16].

第三章

现代都市与传统乡村生态文明探究

第一节
农村传统民居调查

核心素养

文化基础 / 人文底蕴 / 人文情怀

文化基础 / 科学精神 / 理性思维

文化基础 / 科学精神 / 批判质疑

文化基础 / 科学精神 / 勇于探究

自主发展 / 健康生活 / 珍爱生命

社会参与 / 责任担当 / 社会责任

学习方式

查阅信息、讨论交流、调查实验

主要问题

1. 如何获得选题灵感?

2. 如何开展一项农村传统民居调查课题?

3. 你感觉开展农村传统民居调查需要做好哪些准备?

4. 请尝试设计一项农村传统民居调查课题。

5. 你有什么收获和体会?

保留临沂老屋 传承乡村记忆

【摘要】　高层建筑冲击下的传统民房如何在夹缝中生存？我们关注传统民居与乡村文化并组建课题组进行了社会调查和实地访问。调查方法采用实地拍摄照片、发放调查问卷、走访交谈沟通；调查地点包括河东区农村 1 个、义堂农村 1 个、白沙埠农村 1 个、莒县农村 1 个。调查结果显示，70% 的传统老屋已逐渐被抛弃或翻盖成楼房，只有 30% 的传统老屋仍被居住中；传统老屋建筑材质主要为砖瓦材质、土质和石质，三者比例为 45%、20%、20%，此外还有 15% 为混合材质；传统老屋建筑屋顶主要为尖顶和平顶，两者比例为50%、45%，此外还有 5% 为混合屋顶。传统民房缺陷为宅基地占用过大，传统民居与现代居住模式相比较，都以低层为主，基本以一至二层房屋为主。从人口增长与城市化发展对空间的严重需求来看，传统民居的低层建筑因其占用面积过大而不再适应社会发展；基础设施陈旧，居民生活水平低，卫生洗浴和采暖设施不完备，室内空间狭小和呆板，没有必需的厨卫设施和上下水系统，居民居住质量较差，生活的舒适度较低。如何在快速发展的今天保留老屋传承乡村记忆，传承体现该区域的文化特征、同时还能够不被快速的城镇化发展所淘汰显得十分困难。通过文化资源整合来达到区域旅游联合发展的目的，虽然可以有效利用文化资源创造经济效益，但是同样面临文化趋同与没落的危险。传统民居只有走现代化、生态化、地域化的道路，才能够做到可持续生存与发展。

【关键词】　临沂；传统民居；乡村建筑

随着国家和城市的现代化进步与发展，老百姓吃穿住行等方面的条件在不断改善，居住条件此消彼长，消的是传统民居，长的高层楼房。我们亲眼目睹了城市周边老房子的拆迁和重建，忘不了开放商们那拔地而起日新月异的高层楼房，忘不了老人们已经习惯了平房、瓦房、土坯房不愿意搬离老房子时的无奈。

图 1　传统乡村里的现代楼宇建筑

图 2　现代与传统只一墙之隔

　　传统民房是适应当地气候及其他自然条件的综合产物，其建筑空间形态与营造技艺特征都是地域文化的表征，其特点是充分利用地方资源，因地制宜，就地取材，讲求实用，不求豪华。然而近年来城市化进程的快速发展，直接影响传统民房的存续。在城镇，容易拆除的砖混结构已经换成坚固的混凝土结构。面对现代生产和施工技术的冲击，传统民房建筑与聚落的营造体系在当地人的思想意识之中土崩瓦解，广大新建民房开始模仿甚至照搬现代化的居住模式，这对地域文化的传承与发展极为不利。

　　高层建筑冲击下的传统民房如何在夹缝中生存？我们关注传统民居与乡村文化，组建课题组进行了社会调查和实地访问。

1 调查方法与调查村落

1.1 调查方法：

（1）实地拍摄照片；

（2）发放调查问卷；

（3）走访交谈沟通。

1.2 调查村落

临沂河东区农村、义堂农村、白沙埠农村、莒县农村。

2 调查结果

（1）本次问卷调查男女比例为 11∶9（图3），基本满足调查信度。将被调查人群按照年龄分成4组（图4），20岁以下、20～40岁、40～60岁、60岁以上所占比例分别为25%、55%、15%、5%，较为吻合当前乡村人居年龄组成。

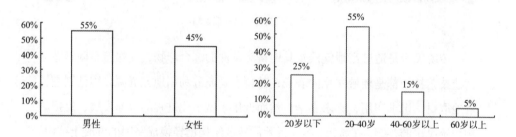

图 3　被调查者性别　　　　　　　图 4　被调查者年龄

（2）本次问卷调查和实地考察发现，70%的传统老屋已逐渐被抛弃或翻盖成楼房，只有30%的传统老屋仍被居住中（图5，图6，图7，图8）。

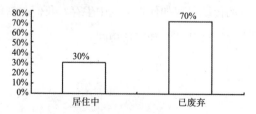

图 5　被调查者传统民房现状

图 6　废弃的老屋

图 7　新砌的小楼

图 8　存续的老屋

　　（3）本次问卷调查和实地考察发现，传统老屋建筑材质主要为砖瓦材质、土质和石质（图 9，图 10，图 11），三者所占比例分别为 45%、20%、20%，此外还有 15% 为混合材质（图 12）。

图 9　土质老屋

图 10　石质老屋

图 11　砖瓦老屋

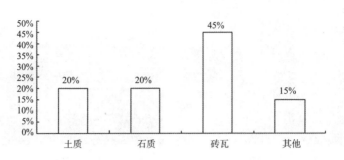

图 12　被调查者传统民房材质

　　砖木建筑外墙以青砖斗砌，踢脚的位置为片石砌筑，主体多为抬梁式，一般中柱落地，围护墙体多为青砖空心斗砌式。石木建筑外墙以片石砌筑并在外皮抹上草泥，内部则都为木结构，围护材料采用片石平砌，外部多抹草泥。土木建筑外墙以土坯或夯土，墙裙位置多砌以毛石、片石或是卵石，围护结构以夯土为主，梁架直接搭接在夯土墙。

　　（4）本次问卷调查和实地考察发现，传统老屋建筑屋顶主要为尖顶和平顶，两者比例为 10：9，此外还有 5% 为混合屋顶（图 13），其中尖顶又可分为草质尖顶和砖瓦尖顶两种。草质尖顶（图 14）一般采用稻草铺顶，使用少量砖瓦为屋檐或屋棱。砖瓦尖顶（图 15）一般采用红瓦铺顶，有时候会使用少量水泥或者石头。

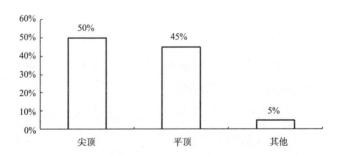

图 13　被调查者传统民房房顶

图 14　草质尖顶　　　　　　　　　　　图 15　砖瓦尖顶

3 传统民房缺陷
3.1 宅基地占用过大

传统民居大多以低层为主，基本以一至二层房屋为主。从人口增长与城市化发展对空间的严重需求来看，传统民居的低层建筑因其占用面积过大而不再适应社会发展。

3.2 基础设施陈旧，居民生活水平低

卫生洗浴和采暖设施不完备，室内空间狭小和呆板，没有必需的厨卫设施和上下水系统，居民居住质量较差，生活的舒适度较低。

4 保留老屋传承乡村记忆

传统民居营造技艺濒临失传。随着农村青年人奔赴城市打工寻梦，原有的工匠艺人不断老去，传统建筑技术已经临失传的边缘，传统工艺与匠人难以寻找，建造一如往昔的传统民居已是件很难的事情。

随着城市改造以及新农村建设的大力推进，新民居外形上有着现代建筑的"简洁"与"统一"，仅从建筑材料的选择上来看，墙体以承重的实心红砖或空心砖为主，部分地区大量使用混凝土砌块，土坯墙与夯土墙不再为民居建筑所使用。门窗材料逐渐使用铝合金和塑钢，门户多为金属防盗门，传统木结构门窗基本淡出。抬梁式木屋架甚至三角钢木物架不再普遍使用，预制空心楼板

或现场浇制钢筋混凝土楼板是当前农村大量使用的屋顶材料，导致房顶形式发生了根本性改变，建筑空间本身随之改变。

如何在经济快速发展的今天，传承和体现该区域文化特征并同时不被快速的城镇化发展所吞噬，显得十分困难。通过文化资源整合来达到区域旅游联合发展的目的，虽然可以有效利用文化资源创造经济效益，但是同样面临文化趋同与没落的危险。传统民居只有走现代化、生态化、地域化的道路，才能够做到可持续生存与发展。

5 传统民房的国际视角

美国进行过覆土住宅实验，认为覆土建筑隔音隔热，寒暑皆宜，完全符合节能时代的要求。今天覆土住宅已成为美国住宅设计的最流行样式之一，仅在新墨西哥州就有超过 75 000 座用土坯或夯土建设的住宅。从全世界来看，发达国家由于生态环境意识提高，用传统生土建造技术与现代技术手段相融合来建造别墅已成为人们回归自然的一种追求。

第二节
农村水利工程调查

核心素养

文化基础 / 人文底蕴 / 人文情怀

文化基础 / 科学精神 / 理性思维

文化基础 / 科学精神 / 批判质疑

文化基础 / 科学精神 / 勇于探究

自主发展 / 健康生活 / 珍爱生命

社会参与 / 责任担当 / 社会责任

学习方式

查阅信息、讨论交流、调查实验

主要问题

1. 如何获得选题灵感？

2. 如何开展一项农村水利工程调查课题？

3. 你感觉农村水利工程调查需要做好哪些准备？

4. 请尝试设计一项农村水利工程调查课题。

5. 你有什么收获和体会？

临沂农村汪塘沟渠枯竭消失原因的调查分析

【摘要】 本文设计了调查问卷，通过实地调查了临沂市诸满村、古城村、前店子村、沂洪庄村、后乡村、苗家庄村和东安静村农村汪塘沟渠的枯竭消失状况，初步分析其原因并提出相关建议。调查结果发现临沂农村村庄周围汪塘沟渠数量急剧减少且出现枯竭消失的原因主要包括水源减少、水利失修、填汪造陆和河道堵塞。为此建议，一是全面普查，建立汪塘沟渠管理档案；二是明确责任，制定切实可行的管理机制；三是加强监管，严厉制止填垫和破坏汪塘行为；四是划定红线保护区，定期进行清理维护，防止污染；五是加强宣传，期望传统汪塘沟渠能被更好地保护下来。

【关键词】 临沂农村；沟渠；汪塘；急剧减少

一次回乡下姥姥家，突然发现村里曾经星罗棋布的汪塘变得寥若晨星，很多儿时记忆里的汪塘被填埋作为他用。沿着水渠走了一圈，满眼全是垃圾，整条水渠已经完全断流。水渠附近的汪塘，星星点点的池水少得可怜。笔者感到非常震惊，才几年光景，那经常捉小鱼小虾、洗澡玩耍的水渠已变得丑陋不堪，那吹皱一池春水、钓鱼玩乐的汪塘已变得不复存在。面对老家干涸失联的汪塘水渠，我们陷入了深思。

姥姥记忆中，大河小沟长汪短塘，水是那么清澈，洗衣洗澡，不亦乐乎。

现在看到的，无河无沟无汪无塘，统统失联干涸，垃圾遍地，不亦悲乎。

遍布乡村的汪塘沟渠具备调蓄雨水、农业生产用水、防火、水景观多重功能，是美丽乡村建设的重要内容和农村历史文脉传承的重要载体。但由于历史和现实的原因，各地普遍缺乏保护传承意识，农村汪塘淤积、侵占、失修、污染、填埋等问题严重，数量迅速减少，面积大幅减少，亟须加强保护和整治。恰逢当前美丽乡村建设，临沂市委、市政府对农村汪塘整治工作高度重视，决心用生态文明建设的指导思想和新理念、新视野加强农村汪塘整治工作，重点以落实"水十条"为契机，实施好农村汪塘示范等工程[1-2]。

为响应市委、市政府号召和要求，本文设计了调查问卷并通过采用实地调查形式，调查了临沂市诸满村、古城村、前店子村、沂洪庄村、后乡村、苗家庄村和东安静村农村汪塘沟渠的枯竭消失状况，并初步分析其原因并提出相关建议。以期为打造"沟渠通、汪塘清、水源活、生态好、景观美、乡情浓"的农村汪塘沟渠体系，把汪塘沟渠变成乡村的"生态明珠"，展现乡村自然风貌，留住乡愁记忆。

1 调查区域

调查区域包括临沂市诸满村（方城镇）、古城村（方城镇）、前店子村（新桥镇）、后乡村（义堂镇）、沂洪庄村（义堂镇）、东安静村（白沙埠镇）、苗家庄村（白沙埠镇）。

2 调查方法

实地调查临沂诸满村、古城村、前店子村、沂洪庄村、后乡村、苗家庄村和东安静村农村汪塘沟渠的枯竭消失状况。

2.1 第一次问卷调查

临沂农村汪塘沟渠枯竭消失原因调查问卷

（1）你的家或老家附近原来有没有比较多的汪塘沟渠？

（2）现在那些汪塘沟渠存在情况怎么样？

（3）对于汪塘沟渠的消失原因，你认为有哪些？

（4）对于农村汪塘沟渠失联现象，你觉得你能做些什么？

（5）对于日渐消失的汪塘沟渠，你有什么感想？

由于第一次调查问卷都是问答题，多数受访者不知道如何作答，所以调查结果不尽如人意，于是我们又进行了第二次调查。

2.2 第二次问卷调查

第二次调查问卷我们设置了4道单选题、1道多选题和1道问答题，这样的问题结构便于受访者作答。

临沂农村汪塘沟渠枯竭消失原因调查问卷

（1）你平时关心农村汪塘沟渠失联断水现象吗？（单选）

　　　A.很关心　　B.比较关心　　　C.不关心

（2）你们家或老家20年前汪塘数量有多少？（单选）

　　　A.0～3　　B.4～6　　　　C.7～9　　　　D.≥10

（3）那些汪塘现在还剩下多少？（单选）

　　　A.0～3　　B.4～6　　　　C.7～9　　　　D.≥10

（4）你认为汪塘沟渠消失的原因有哪些？（多选）

　　　　A.人工填埋　　　　　B.垃圾乱堆

　　　　C.常年干旱　　　　　D.过度用水　　　　　E.其他

（5）如果现在汪塘沟渠失联断水状况严重，你会加大关心程度吗？（单选）

　　　　A.积极关心　　　　　B.有空再说

　　　　C.随意　　　　　　　D.不关我事

（6）对于日渐消失的汪塘，你有什么感受？（问答）

根据以上问卷对调查结果进行了整理和分析，合并口头采访实地调查情况（实地调查主要活动为证据拍照、村民和村委会走访），整理了如下的数据：受访者大多关心汪塘减少情况，少许人关心程度不够，这可能也是导致汪塘加速枯竭消失的原因。汪塘数量普遍急剧减少，群众反映周围已经没有汪塘或者仅存零星几个。在调查样本中，人工填埋现象达到70%，垃圾乱丢现象占86%，常年干旱现象为20%，过度用水占20%。这些现象的存在导致了汪塘沟渠的枯竭消失。

3 样本村实地调查

3.1 古城村

古城村周围有 3 座水库，但是因为常年失修，缺乏管理，水库并不能起到应有的作用，不能涝季蓄水，旱季放水。东古城有 260 户 870 人，耕地 800 亩，全村共铺设喷灌滴灌 224 亩，467 亩耕地得到有效灌溉。

3.2 诸满村

诸满共 6 个行政村，有两条渠道，1 条南北方向，1 条东西方向。南北方向水渠 10 年前水渠水流清澈见底，可以淘米洗菜；后来水质恶化，只能洗衣灌溉；再后来水质完全恶化；到现在水渠已经完全干涸。我们实地勘测发现渠道常年失修，渠道损坏严重，河流无法正常向水渠供水，因垃圾堆弃多处堵塞。东西方向水渠主要用于农业用水供给，由于年久失修，连年干旱，水渠已被黄沙掩埋。

诸满一村原有汪塘 5 个，现存汪塘 2 个。20 世纪 90 年代，村委会投票决定在村子中央修建一条主路，于是将处于修建路线上的 1 个汪塘填埋。2010 年，同安堂药店搬迁至新址，将新址处的 1 个汪塘部分填埋，剩余水面也因建筑垃圾乱堆而被填埋。垃圾处理设施不完善，周围居民将垃圾倒入汪塘，有 1 个汪塘已被垃圾填埋。

诸满二村原有汪塘 6 个，现存汪塘 4 个。2008 年居民翻盖房屋时，将邻边的 1 个汪塘填埋作为盖屋场所，原来汪塘 30 m×40 m，居民填埋后完全消失。1 个汪塘连着水沟，水沟无水导致汪塘失去外源，一点点干涸。

诸满三村原有汪塘 3 个，现存汪塘 3 个。汪塘水源补给减少，农田用水增多，汪塘水位目前迅速下降。

诸满四村原有汪塘 4 个，现存汪塘 2 个。2011 年，1 个 20 m×20 m 的小型汪塘被填埋，盖上了毛皮加工厂。2007 年，修缮汶泗公路时，将靠近公路的 1 处汪塘填埋。其余 2 处汪塘由于垃圾乱堆导致水面减少很多。

诸满五村原有汪塘 3 个，现存汪塘 2 个。1 处大型汪塘位于耕地中，由于农业灌溉用水增多导致水量下降，1 个中型汪塘完全干涸。

诸满六村原有汪塘 6 个，现存汪塘 5 个，有河流经过，水源充足。有 1 个汪塘由于垃圾填埋已经失去蓄水能力。

3.3 前店子村

前店子村原有 5 个大型汪塘。1 个汪塘接纳了全村 2/3 的垃圾。1 个圆形汪塘由于位于村口且背靠土地庙，得到良好保留，而且每年都还定期清埋汪垃圾和老木头。村中心最大的 1 个汪塘，现在已经被一排排整齐的房屋取代。据老村长说，填汪造陆时，全村男壮丁齐上手，半个月才填平。1 个汪塘被填埋盖成了一片片蓝蓝的厂房。1 个汪塘被村委填平，修建了老年房。村子原有渠道或被修路阻断而断流，或失去水源补给而消失，或因铺设管道而被掩埋。

3.4 沂洪庄村

经过暗查、寻访、村委会访谈，发现原有汪塘 4 个（大南汪、小南汪、后汪、小长汪），现存汪塘 3 个（大南汪已消失）。2014 年，村民徐某某联合一些人，拉了几车土将大南汪填埋，盖上房子。2005 年公路扩建，导致旁边汪塘遭殃。公路扩宽 10 m，小长汪便相应缩小。后汪在耕地周围，水位以每年 10 cm 速度下降，多处已出现断流现象。安装天然气管道，填埋占据了一部分汪塘。

3.5 后乡村

经过走访村民与照片取证，发现村里原有 3 个汪塘，现在均都已濒临消失。3 个汪塘被垃圾包围，臭气熏天，往日的清澈见底现在变成了垃圾遍"汪"。村民填汪塘盖房子成为风气，3 个汪塘都被破坏严重，特别是 3 号汪塘 2/3 被填埋。本村的二湖全部充满污水，原来的美丽早已不存在，污水已经布满了汪塘。

3.6 苗庄村

为了增加住房用地，村里多处汪塘沟渠已被填埋。村中心的 1 个汪塘在 20 世纪 90 年代就被填平。村东的 1 个大型汪塘有一半被人为填埋并在填埋的地方种树。原有的 2 个鱼塘，现在只在盛夏才可以看见一点水，已被人们当成了农业用地。

3.7 东安静村

村民要盖房子和栽桃树就把 1 个小型汪塘的河崖给挖了，挖出来的土刚好又把小汪塘埋了。1 个圆形汪塘被几车沙土填埋。曾经的大汪，现在的新房！建小区填埋了 1 条沟渠。

4 调查结论

4.1 水源减少

气候变化，全球变暖，年降水量减少。农村城镇化步伐加快，居民生活用水量逐渐增多。推广发展大棚农业，农业用水增多。乡镇工业蓬勃发展，工业用水量猛增。水资源的过度开发和利用，使得地下水位不断下降、农村河流断流干涸，汪塘水量减少，引发枯竭消失。

4.2 水利失修

现在农田水利基本建设由政府组织向村民自己做主的一事一议制度转变，一家一户生产，给农村水利组织协调工作带来了困难。水坝水渠基本还是 20 世纪五六十年代集体经济下的产物，常年失修，渠道堵塞，输水能力下降。基层干部群众意识淡薄，前瞻意识较低。由于汪塘沟渠的面积和蓄水量相对都较小，不属于大型水库和河流，造成危害不明显，相关部门在一定程度上监管不力。

4.3 填汪造陆

为了增加农业非农业用地填汪造陆，填渠盖房，填汪盖厂，造成了水渠破坏，减少了汪塘数量，水域之间的联系中断。部分村组织为了眼前的经济利益，组织填垫、鼓励填垫、默许填垫，把汪塘填平后改造成健身广场等公益场所，甚至村民私自填垫后据为己有。现在填垫汪塘成本较低，特别是城市开发建设过程中，拆迁造成的固体垃圾以及楼基开挖出的大量泥土，以低廉的价格或者免费运送到汪塘沟渠中，使填平汪塘越来越容易。

4.4 水道堵塞

水道堵塞，主要是由各种生活垃圾、农业垃圾、建筑垃圾都被堆放到汪塘沟渠中，使其变成名副其实的垃圾场。随着农村液化灶具的使用和普及，农作物秸秆已不是主要燃料，很多池塘沟渠变成了农作物秸秆的沤肥池，大量秸秆、杂草、生活垃圾沤积在村庄汪塘沟渠里。城乡环卫一体化未建立前，农村产生的大量生活垃圾无处处理，被直接扔进汪塘沟渠中，污染了水源，淤积了汪塘沟渠。

5 相关对策建议

（1）按照"一村一场一塘一中心"即生态文明村各建设一处文化广场、一处湿地汪塘、一处便民服务中心的总体要求，把汪塘整治作为生态乡村文明建设和城乡环境综合整治的七大工程之一，因地制宜、分类实施、梯次推进、全面提升、着力优化农村水生态环境，统筹推进生态文明乡村建设。

（2）明确汪塘沟渠产权，制定切实可行的管理机制。汪塘沟渠虽然属于集体资产，但在实际操作中产权不明确，进而导致相关管理没有明确具体的法律法规依据和明确的管理部门。2016年，"两会"着重讨论了关于农村土地等资源的产权问题，建议政府根据实际情况，明确产权，从而使汪塘沟渠的保护责任明确到实际。对于汪塘，要承包责任明确，谁承包，谁治理。对于水渠，可以承包给几户人家共同管理，政府给予一定的补贴。对于水沟，可以就近承包，鼓励在水沟两旁栽树，防止水土流失。

（3）进一步加强宣传和引导，提高广大群众对于汪塘沟渠整治保护工作的认识，让汪塘整治保护成为群众的一种自觉和良好的习惯。同时要加大对汪塘沟渠的保护力度，尽快完善相关法律法规，对于破坏汪塘沟渠、随意改变汪塘用途的行为进行严肃处理。要加大整治资金的投入力度，建立健全奖励机制，做好已整治汪塘的开发利用，大力发展养殖、旅游开发和农家乐等多形式的经营活动，增加村民收入，真正实现环境得到改善、群众得到实惠。

（4）将河流、汪塘沟渠和地下水系统的污染防治与生态修复结合起来，像海绵一样，下大雨时吸水，干旱时把吸收的水再吐出来，防止出现内涝。

（5）修缮水利，修建防洪和雨洪资源利用工程，对病险水闸塘坝进行除险加固。

参考文献

[1] 任广云, 胡娜, 张俊敬. 临沂市农村汪塘现状及治理对策探讨 [J]. 中国水利, 2016（3）: 24-25.

[2] 卢立兰, 张俊敬, 任文涛. 临沂市农村汪塘生态整治措施探讨 [J]. 山东水利, 2016（9）: 26-27.

山东农田灌溉水资源现状调查

>>>————————————————————————————————

1 研究背景

2011 年至 2012 年，山东省气象灾害频发。

2011 年，山东省大旱，高达特大干旱等级，全省除半岛东北部以外 120 多天无有效降雨。在全省抗旱视频工作会议上，省水文局表示，全省气象干旱概率达到 60 年一遇，枣庄、泰安、莱芜、临沂、日照、聊城达到 100 年一遇，菏泽、济宁达到 200 年一遇。全省有 2 899 万亩冬小麦受旱，约占全省小麦播种面积的 53%，其中重旱 483 万亩。在可用水源方面，全省干旱的农田已有 391 座小型水库干涸，366 条河道断流，3 万多眼机井出水量明显不足。

2012 年，山东省大涝，区域性强降雨频繁，内涝严重，夏季出现了 10 次区域性强降雨过程。7 月上旬，强降雨集中在鲁东南地区，临沂市平均降水量 319 mm，突破历史极值；7 月 29 日至 8 月 1 日，德州、聊城部分地区累计降水量超过 200 mm，商河、茌平日降水量分别为 243.5 mm、200.4 mm，突破当地历史极值，持续强降雨造成鲁西北部分地区严重内涝；9 月 21 日，胶南出现特大暴雨，降水量达 392.7 mm，突破历史极值。

山东农田，要么大旱，土地龟裂，要么大涝，满地泥浆，农民们望着受灾的庄稼欲哭无泪。

我们痛心农田在天灾面前如此不堪一击！各地区农田水利设施为啥没起到相应的作用？不同的水利设施如何影响农田？农田作业时的水利现状怎样？……一系列问题引起我们深思。

面对气象灾害，我们很想通过自己的调查实践活动，为当下的农田水利事业做出小小的贡献，能为农田水环境问题分忧解难。

2 研究计划

2.1 选择调查区域

我们从地理方位、农田类型和受灾程度等方面考虑选择了临沂市、泰安市、莱芜市和烟台市四个调查样本城市。

临沂市：位于山东省南部，抽选临沭县代庄为调查样本村。

泰安市：位于山东省西部，抽选泰山区尚家寨村为调查样本村。

莱芜市：位于山东省中部，抽选西街村为调查样本村。

烟台市：位于山东省沿海地区，抽选官庄为调查样本村。

2.2 调查计划

（1）8月15日前完成对四个调查样本村的走访。

（2）考虑好经费、交通方式等问题。乘汽车去临沭，另外三个村子先乘火车去它们的所在市，再乘公交车或出租车到达村庄。

（3）通过网络渠道了解相关信息，包括路线、过去几年的降水和农作物生长情况便于对比；预想将要采访的问题、设计采访形式及问卷。

（4）通过对市民的咨询先对将要走访的村子有一个大概的情况了解；去农田实地查看，记录数据、拍照片，并绘制村图的草图。

（5）与村支书或村委会成员交流，得到农田水利官方数据资料。

（6）准备好预备方案，以防万一。

2.3 调查内容

（1）20世纪八九十年代以及现在的水利状况，需要获得的信息有土地面积、人口数量、灌溉水源、现有水利设施、农作物类型等。

（2）2011年大旱时的受灾情况、应对措施。

（3）平时农耕灌溉时水利设施的利用状况。

（4）一些井或水库的修建年代和灌溉能力的今昔差别。

（5）村民对村中水利现存的主要问题及其严重程度的看法；对自己村的水利未来有什么建议或措施。

3 调查活动实施

暑假，我们开始了课题研究与走访。

3.1 临沂—临沭—代庄村

7月17日，我们一起坐车来到汽车站，然后乘客车到达临沭县城，转车40 min后来到目的地代庄村。到达村子时为上午10点。接下来在村子内通过走访村民，大致上对该村情况做了初步的了解和简单的记录。10点半左右我们去村委会找村委会成员具体了解了该村20世纪80年代前和现在的农田、水利、农作物和旱涝等情况。中午11点到下午1点讨论了我们现有的资料和接下来的计划。之后找村民细致了解一些关于该村的农田水利等情况，解决一些我们想知道的问题。下午2点到3点半我们去农田实地查看并做一些数据记录，和村支书交流。

代庄村全村700多人，拥有农田800多亩。主要农作物有小麦、玉米、花生和地瓜等，现还种有少量黄烟叶和葡萄。大旱时，这里受灾严重，作物减产甚多。

代庄村西部有一条西河，该河流经该村大约有1 500 m。据村民杨大爷所说，十几年前，西河还具有几千亩的灌溉能力，但是现在，由于水位严重降低，平时水位仅在1 m左右，干旱的时候甚至断流，而且水污染严重。

通过走访发现，河流污染源主要来自养殖产生的废水和村民生活污水、垃圾。河中修建有3处水坝，但都损坏严重，现已完全废弃。我们在沿着西河观察记录时发现河边的杨树林里有很多家禽养殖厂和养猪厂，养殖废水就直接排到了西河里，还有很多蘑菇养殖厂把蘑菇培养基随意倾倒在沟渠里。

村中有小型水井约20口，多数在20世纪六七十年代修建，每口井的灌溉能力为7～8亩；中型机井3口，现如今已经使用40多年，以前每口机井可灌溉 100 ～ 200 亩农田，现在因为水位降低至 1.5 m，每口井只能灌溉 50 ～ 70 亩农田；大井 1 口，该井长约 60 m，宽 25 m，修建于 20 世纪八九十年代，当时可灌溉 400 多亩农田，曾是代庄的扬水站，现因水位降至 1.5 m 左右，基本上已不用于灌溉。代庄 20 世纪五六十年代建水渠黄开渠 11 号，长约 1 000 m，由于缺乏水源，现在该渠已完全失去灌溉能力了。有的水渠部分严重损坏，有的被填上了土，种上了庄稼。

在走访过程中，我们通过采访还从村民那里了解到，以前代庄村还种有水稻，但现在由于水渠等水利设施的损坏和水源的污染，已经不能再种植水稻了，只能选择一些比较耐旱的作物来种植，如我们去代庄村时在田地里看到的花生、地瓜、大豆等。可见，水利工程对农村的农业种植有着很大的影响。

代庄村现有水源和原来水源不管是从质上还是从量上都和以前相差甚远。以前的灌溉水源大部分都是西河水，少部分离河远的使用大型机井的水。而一般的小水井用来浇灌菜园，因为井水都是甜水，也是村民家里的饮用水。村里到灌溉农田时只用西河水和机井里的水就足够了，也不会有大的干旱影响收成。而现在看这两种灌溉水源的比例基本接近 1 : 1（图 1）。这说明西河水和机井的水利用得少了，而水井的水利用得多了。机井和西河的水量大大减少不仅仅因为气候的原因，大部分因素是由于水源的污染和村民不爱护水源造成使用不当造成的。

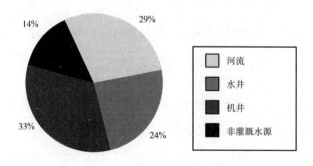

图 1 代庄村灌溉水源构成比例图

我们的建议：

代庄村要建立适合当地的水利工程，要考虑好农田的分布和水源的大小。

治理水污染，加大村民保护环境的意识，要保护好水源，保护好水利设施。水渠水道要及时检修，对废弃的水利工程做好处理，建立新的便利的新型水利工程。村民和村委都要对水利设施的完善和农业的发展重视起来。妥善处理家畜粪便和家庭垃圾。

小结：

带着兴奋激动的心情，结束了我们社会实践活动的第一站。从一开始的无从下手，慢慢在老师的指导下开始自主思考调查的方法和采访细节。融入到村民之中和他们闲话家常，听年长的村民告诉我们这些年村子的变化……整个过程并不是我们想象的那么呆板，反而充满了亲切。想想这几个小时，过得也很快。从集合出发到路上那激动的心情，再到我们在村内仔细地考察记录。真是收获蛮多。自己坐车去往目的地，一切都要自己问，自己留意，不会有谁提醒你。到了农村才知道不是所有的地方都像城市那么繁华；到了田野，才知道什么叫作广阔；站在河边、农田、山脚下呼吸着清新带着芳香的空气才知道什么叫作享受。感受着村民的朴实和热情，放下都市的烦恼和压力，倍感轻松。

3.2 泰安—泰山区—尚家寨

7月21号上午11点，我们坐上火车，下午2点到达泰安。3点我们前往泰山区尚家寨村。我们与村民交谈，了解该村的农田水利情况。随后去了他们的村委会，找到了村支书，细致了解该村近几年的水利工程和灌溉方式的变化。下午4点我们前往农田实地考察，期间又和多位村民交谈，并做了很多详细记录。

尚家寨位于山东西部，拥有人口500人，耕地160亩，主要农作物为玉米和小麦。村中田头有一口196 m深的大井，作为扬水站。通过对村委的采访，我们了解到该井拥有100亩的灌溉能力。农田需要灌溉时，定时开井。井水由半径为20 mm的地下水泥管引入田间。但是平时（非规定的开井时间）农田如果需要灌溉，村民需要从家里装水，用车子运水到田里浇地。村支书还告诉我们，全村共有800 m长的水渠，均为地下管道。村南边有一条河，名叫潘河。但因污染严重，该河只能提供尚家寨一小部分水源，仅可灌溉周围约3亩地，并且，该村的饮水也成为一个难题，村民需要将水用净水器处理后才能引用。

河流的污染源主要来自于居民生活废水和河流周围的工厂废水。

尚家寨的河流与农田的距离稍远一些,加上近年来垃圾和泔水流入河中,并且河水的污染极其严重,河面臭气熏天,导致村子里的地下饮用水也被污染不可饮用。所以河水做灌溉水源的比例很小(图2)。而在农田旁边有一个大机井。井深接近200 m,足够大部分农田灌溉使用,储水能力也比较强,它占尚家寨灌溉水源的主导。

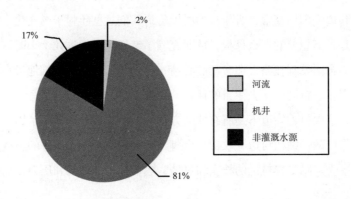

图2 尚家寨灌溉水源构成比例图

尚家寨农田面积小,水资源基本够灌溉。农田里都是用的地下水管,水利设施仅仅就是地下水管,十分单一,也并不是非常均匀地分布在农田里,所以这也影响农田的灌溉效率。

我们的建议:

村里虽有一口大机井,但不是每天都开放。村委会要与村民协商好,调整合理的开井时间,方便村民浇灌农田和菜园。加强村民的保护环境意识和自然资源可持续利用理念。治理潘河,清理垃圾,禁止污水排放到河水中,更好地利用河水。多修水渠引水沟,把村民自治的引水渠完善得更好。建立饮水工程,方便村民饮水。村委会重视农业发展,重视水利设施的完善。

小结:

有了代庄活动的经验,在尚家寨的考察记录就轻松多了。虽然我们是坐火车去的,但心情并没有去代庄村的时候激动。到了目的地,我们做得非常轻松,该了解哪些问题,该记录哪些数据,该得到哪些资料,做得都很得心应手。

在村庄里我们能了解到村民在农忙的时候是多么辛苦，他们得到丰硕果实是多么来之不易。代庄村需要村委会和村民更好地协调，为农业发展打好坚实基础。

3.3　山东—莱芜—西街村

在泰安住了一晚，我们 22 日乘车去了莱芜西街村。10 点到达该村。查看农田和水利分布情况，与多位村民交流，了解了该村 20 世纪 80 年代前和现在的农田和水利工程变化情况。下午 2 点向村委会了解该村具体的水利工程变化情况等信息和数据，去农田实地考察。

西街村位于山东中部的莱芜市，全村人口 2 832 人，农田面积 1 700 亩。主要农作物为玉米和小麦，以及少部分作为商品出售的大蒜。20 世纪 80 年代以前乡里主要靠大引水渠引水浇田，活水库放水灌溉，如今已经废弃 20 多年。据统计，在 1984 年村中水井口数达 102 口。

调查中发现现存水源包括蓄水量 1 亿立方米的大冶水库，4 口大型机井，每口灌溉面积约为 200 亩地，新打井 33 口，全村井共计 135 口。其中效率高灌溉能力较好的井有 6 ~ 7 口，井深 17 ~ 18 m，每口灌溉面积为 50 ~ 60 亩。其他小井深 5 ~ 10 m，但只能灌溉临近的几亩地，抽水泵也无法使用。1959 年开渠 2 000 m，20 世纪八九十年代翻新过，全用石头砌，可灌溉 1 000 亩地。出现损坏则及时修整，利用率较高，破损荒废程度低，全村总理论灌溉面积（1 000 ＋ 420 ＋ 800 ＋ 128）口小井＋大冶水库 ≈ 4 000 亩，地下水、水库蓄水为水源的主要来源，采用浇灌漫灌方式。

西街村农田周围没有河流作为灌溉水源，但是农田里均匀分布着许多大大小小的水井。机井也是水井，只是比一般水井深很多。西街村的农田机井口数虽然不如一般水井口数多。但存水量要大得多，灌溉的农田亩数也多。所以机井做灌溉水源的比例要大于一般水井。西街灌溉水源构成比例如图 3 所示。

西街村灌溉水源基本上全部都是地下水。由于水井都不是特别深，所以气候条件对于水井的泉水量和存水量都有很大影响。西街村也没有什么防范措施，所以遇到干旱天气的时候也只能听天由命了。农田边上就一条大水渠经过，却很少有水流用于灌溉。除了这些，就没有其他可用的水利设施了。

该村面积较大，村委重视程度高，农业管理化程度高。水源保护情况较好。

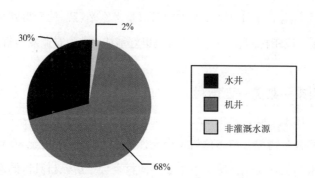

图3 西街村灌溉水源构成比例图

但也存在一些问题：①村委透露，村周围工业化城市化的发展使村中农田即将被占用，村民多外出务工。②缺少应对旱情的措施方案，大旱时无法解决灌溉问题。③水井分布不到的农田灌溉相对减少，影响产量。④水渠中淤泥杂物太多，没有及时清理。⑤水利设施单一，不完善。

我们的建议：

（1）爱护农田，保护耕地；

（2）为农耕提供优惠政策，鼓励农民耕种；

（3）清理渠道及时维修，完善水利工程建设；

（4）灌溉方式老旧，应适当增加机井，提高灌溉效率；

（5）找出应对干旱、缺水的方案。

小结：

在莱芜西街村的时候，我们能深刻体会到水井对于一片没有河流经过的农田是多么的重要。经过对三个地点的考察，我们大概能了解到在什么季节种什么样的农作物。这些知识是我们在学校里学不到的。

3.4 烟台—官庄村

烟台官庄村位于山东东部，是一个大村庄，有3 300多口人，2 000多亩地，现在是山东的大型蔬菜基地之一。70%的农田用大棚种蔬菜，20%种水果，10%种庄稼。村庄不远处有一条大姑河，但不用于灌溉，浇灌全部都用地下水。2 000亩地中均匀分布着1 000多口井，平均两亩地用一口井，水源十分充分。

农田之间有引水渠穿插。现在有村民自建的地下水管用来喷灌蔬菜，还有一种就是用潜水泵抽水灌溉。官庄村以前以种植小麦玉米为主，随着农业产业的调整，以前的水利工程在农田里的几口水井已满足不了对现代蔬菜产业的需要，而且现在对水质要求也明显提高。所以现在官庄蔬菜基地因地制宜，建立了地下水管网络，大大满足了蔬菜基地的灌溉需求。

4 活动总结

我们调查发现，大多数地方的农田水利工程不完善，毁损严重，没有得到修复，村民及地方大都保护意识不强。且随着农业产业的发展，以前的水利工程已达不到现在所需灌溉的标准。各地方要根据当地的水源状况和农业产业的类别和发展方向建立新型便利适合自己的水利工程。

经过我们的走访调查发现，水利设施的利用状况是影响土地是否缺水的重要原因之一，因此我们统计出水利设施损坏率（图4）。代庄是水利设施损坏情况最为严重的村子，损坏率高达95%。其中包括被损毁导致完全废弃的3 000 m水渠和三处严重损坏的河坝。

泰安尚家寨村水利设施损坏率计算得出约为15%，该村的水利设施主要为800 m长的地下水渠和村民自主修成的简易引水渠。但由于缺乏保护加固措施和不能及时清理，自制引水渠常常要在灌溉前重新翻修，因而导致利用率不高，损坏率加大。

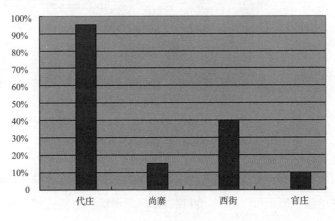

图4 各村水利设施损坏率

莱芜西街村的水利设施损坏情况同样不乐观。损坏率达到 40% 左右。主要由于 20 世纪 80 年代前村中的大引水渠废弃，导致部分水源无法到达村中。20 世纪 80 年代后村中新建了部分水利设施，1959 年开渠 2000 米，20 世纪八九十年代翻新过，全用石头砌，出现损坏则及时修整，利用率较高，破损荒废程度低，一定程度上降低了损坏率。村中灌溉主要利用机井，占灌溉方式的 67%，机井的损坏和水位降低等问题同时影响灌溉。因此在大旱来临时缺乏应旱措施。

烟台官庄村的水利设施损坏率从图 4 上来看是最小的，约为 10%。作为蔬菜水果基地，充足的水源和便利的灌溉水利是发展的必要条件。村中浇灌水源全部来自地下水，2 000 亩地中均匀分布着 1 000 多口井平均两亩地用一口井，水源十分充足，农田之间有引水渠穿插。后来蔬菜基地扩大了规模，修建了地下管道网络。由于管道位于地下因此能够得到更好地保护，人为破坏率大大降低，自然破坏也极少发生。地下管道、水井、水渠给官庄拥有稳定充足的水源灌溉以有力的保障。

临沂代庄村农田总面积约为 800 亩，从我们计算的数据得出，现理论灌溉面积仅有 220 亩，而实地调查后现实际灌溉面积只能达到 200 亩（图 5）。代庄村因此也成为这 4 个样点中最为缺水的一个。

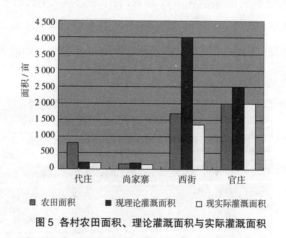

图 5 各村农田面积、理论灌溉面积与实际灌溉面积

泰安尚家寨农田总面积约为 160 亩，是所选择的样点中耕地总面积最小的村。现理论灌溉面积可以达到 200 亩，实际灌溉面积也能达到 150 亩左右，是 4 个样点中水量较为充足的一个。

　　莱芜西街村农田总面积约为1 700亩，由于有大野水库和大量机井的充足水源，理论灌溉面积可以达到4 000多亩，理论上不存在缺水问题。而因为大野水库不能及时开放，现实际灌溉面积计算得出只有1 360亩左右。成为理论和现实灌溉面积差距最大的样点。

　　烟台官庄村的农田面积达2 000亩，是采样点中农田总面积最大的一个村。现理论灌溉面积约为2 500亩，理论上不缺水，而经计算得出的现实际灌溉面积为2 000亩左右，与农田面积基本一致，实际上来看同样不缺水。需水量和灌溉量基本持平，在所选样点中是唯一不缺水的村，是4个采样点中的对照组。

　　烟台官庄村以蔬菜和水果的种植为主，仅有少部分是种庄稼的。官庄是一个大型的蔬菜基地，因此水资源必须十分充足，相应的水利设施也很完备，可以作为所有采样点的对照组。

5 建言献策

　　毛主席说过，水利是农业发展的命脉。只有把水利搞好，才能搞好农业。但是我们通过对这几个村的调查发现，村里现有的水利设施大都是20世纪八九十年代以前建立的，而且因为时间较长基本上失去了灌溉的能力，有些水利设施已经大面积损坏，还有些水利设施则被人为毁坏，开垦成农田用来种庄稼了。甚至有些地方的农民还在从家里拉水来浇地。这不仅会导致水资源严重浪费，还使许多庄稼得不到很好的灌溉，这样下去，一旦再遇到大旱天气，农作物的产量必将受到威胁。从长远来看，人们必须认识到水利对于农业发展的重要性，并从行动上保护水利设施、发展农村水利。

　　政府及有关部门应该向广大农民普及一些相关的水利知识，告诉农民不要随意破坏田地里的水利设施，也不要随意开垦，应提高农民的整体素质，提倡科学种地，合理灌溉，有计划地开垦土地，加强农民群众保护水利工程的意识。

　　政府也应该增强对农村水利的重视程度。① 积极与农民沟通，知道农民在水利方面的需求，进而才能有准确的方向去改进我们的水利设施和水利政策，从而才能提高水利设施的利用率，只有这样才能让修建水利设施的钱不白花，让农民从中得到实实在在的利益，而不是让农民觉得修水渠的地还不如用来种庄稼，干脆就给拆了算了；② 建立完善的投资机制，提高农民对兴修水利的积极性；③ 要重视水利工程的修建质量，使水利工程充分发挥它的积极作用，使农民从中获益，减轻农民的负担，对灌溉没有后顾之忧。各村应对村里的水利设施进行统一管理，确保水利设施不被人为损坏，使农村水利充分发挥作用为农业带来最大效益，使农村水利工程走上有序发展的道路。

6 活动意义

此次社会调查活动，开拓了我们的知识面和社会视野，提高了实践能力，培养了对科学实践的兴趣，增强了对农田水利的保护意识，增强了科学意识，培养了科学精神。

通过这次实践，我们得出一些对今后实践活动的建议：

（1）做好预案，应对突发情况。

（2）和有关部门如水利局和气象台沟通，获取官方资料。

（3）路线情况要掌握好，及时更新，有的放矢。

（4）当天记录及时整理，有问题及时反馈，并对材料编号分类。

（5）保留原始的数据和材料，细节也要有证可考。

（6）从熟悉的样点入手。

同时我们提出对当地今后农业生产发展的建议：

（1）建立适合当地的水利工程，因地制宜发展农业。

（2）当加强村民的环境保护意识和自然资源可持续利用的理念。

（3）地村委应重视水利设施的完善，为农民切实谋福利。

（4）为农耕提供优惠政策和应对干旱缺水的方案。

（5）设置便民点，方便农民及时反馈农田信息并给予指导和帮助。

7 活动宣传

为引起社会对农田水利发展现状的广泛关注，11 月，我们制作了海报，进行了社会宣传。

7.1 宣传目的
（1）向社会展示我们的社会实践活动的过程与结果。
（2）让市民们更关注农田水利，为农田水利建设增添助力。

7.2 宣传计划
（1）地点：人民广场、万阅城、临沂一中和临沂四中。
（2）方式：发海报、做解说。

7.3 宣传准备
整个宣传准备过程中最重要的就是海报的制作。我们小组成员都不懂海报的制作，不懂电脑图片软件的运用，为了制作好海报，我们小组的杨官林同学专门跟专业平面设计人员学习了 photoshop 软件的使用以及海报制作的要领，经过了他 4 个晚上的努力，制作出了我们宣传要用的海报。

7.4 宣传结果
从市民对我们的讲解的反应来看，有的人之前对农田水利不是太关心，但经过我们的解说，他们也认真看了海报；有的人则很赞许我们的实践活动，表明他们很重视农村水利建设。

第三节
城市休闲生活调查

学习方式 🌿

查阅信息、讨论交流、调查实验

主要问题 🌿

1. 如何获得选题灵感？

2. 如何开展一项城市休闲垂钓调查课题？

3. 你感觉城市休闲垂钓调查需要做好哪些准备？

4. 请尝试设计一项城市休闲垂钓调查课题。

5. 你有什么收获和体会？

临沂休闲垂钓调查研究

【摘要】　2014 年 7 月，临沂市成为全国首个被授予"中国休闲垂钓之都"称号的城市。休闲垂钓产业已成为临沂市的地方特色。"大家钓起来，鱼儿受得了？"我们对此展开了调查实践活动。调查方法采用拍照、调查、走访。调查结果显示，休闲垂钓者年钓鱼次数以 50 次以下的低频（46.3%）为主；休闲垂钓者次垂钓时长以 2～4 h 的低时（53.7%）为主；休闲垂钓者年垂钓获量以 30 kg 以下的低量（56.8%）为主；休闲垂钓者垂钓获得种类以鲫鱼、鲶鱼和鲤鱼野杂鱼（82.0%）为主；休闲垂钓者垂钓场所以岸边（67.3%）占绝对优势；休闲垂钓者垂钓钓具以 1 根钓竿（67.4%）占绝对优势；休闲垂钓者垂钓饵料多元化，以合成饵料（41.5%）为主。我们给出以下的建议：① 加强对垂钓地点的管理，尽量清理或减少桥上的垂钓者；② 在垂钓打窝子时要少投鱼食，以免造成水体富营养化；③ 渔政部门应清理渔网捕鱼、鱼鹰捕鱼、电鱼和炸鱼等危险行为；④ 加强对休闲垂钓的引导，减少带走的渔获量，或直接放生；⑤ 继续加大沂河放鱼节增殖放流鱼类的种类和总量；⑥ 减少对鲢鱼和鳙鱼等净水鱼类的垂钓，它们是水质"沂河保护神"。

【关键词】　临沂；休闲垂钓；沂河

随着国家和城市的现代化进步与发展，人们对休闲娱乐愈发关注与重视。休闲垂钓是一项易上手、耗时多、投入少的有氧运动。人们随着垂钓经验的积累还可以收获一些渔产品。一边钓鱼，一边看风景，与大自然亲密无间。我们经常可以在临沂各个河段看见钓者们聚精会神地挂饵、潇洒扬扬地甩杆、悠闲自得地静候。

2014年7月，临沂市成为全国首个被授予"中国休闲垂钓之都"称号的城市。临沂市能获得这一荣誉和本地的水资源息息相关。临沂市淡水资源非常丰富，大小河流近千条，纵横交错，大中小型水库近千余个。这些都给广大钓鱼爱好者垂钓带来了便利。临沂垂钓历史源远流长，之前出土了2 500年之前的周代铜鱼钩，这标志着临沂这片古老的土地垂钓活动古已有之。

作为全国首个"水生态文明城市"，临沂依水兴市，将休闲垂钓产业与旅游产业有机结合，科学规划，不断探索休闲渔业新领域，成功走出一条集垂钓、美食、文化、观光为一体的休闲渔业之路，打造了四大休闲渔业产业：养殖垂钓型、休闲垂钓型、生态观光型、竞技垂钓型。其中国家级休闲渔业示范基地1处，省级休闲渔业示范点4处；现有钓鱼学校1所，国家级垂钓大师1位和多位国家二级垂钓大师，垂钓爱好者达120万人。从事垂钓用品批发和生产厂家300余户，年营业额4亿余元。连续3年成功举办了"中国·临沂放鱼节"，成为全国有影响力的公益渔业文化活动品牌，有力带动了临沂休闲垂钓业蓬勃发展。

休闲垂钓产业已形成具有临沂市地方特色的城市休闲垂钓带、水库旅游垂钓聚集区、休闲垂钓用品批发市场及垂钓用品生产基地，涌现了沂河百里休闲垂钓文化长廊、沭河生态垂钓带和天马岛、云蒙湖、许家崖水库、跋山水库、武河湿地等著名的休闲垂钓旅游景区；拥有休闲垂钓观光场所2 000多处。

"大家钓起来，鱼儿受得了？"我们对此展开了调查实践活动。

1 调查方法

（1）拍照：实地拍摄休闲垂钓活动照片（图1）；地点：沂河及支流畔。

（2）调查：发放调查问卷；地点：沂河及支流畔。

（3）走访：走访交谈沟通；地点：沂河及支流畔。

图 1　沂河及支流畔休闲垂钓活动

2 调查结果

（1）本次问卷调查男女比例为 87.5%∶12.5%（图 2），将被调查人群按照年龄分成 4 组（图 3）即 20 岁以下、20～40 岁、40～60 岁、60 岁以上所占的百分比分别为 15.6%、32.3%、26.0%、25.0%，较为吻合当前社会男性要比女性更喜欢参与休闲垂钓的特点，年龄组成基本符合钓者实际，满足调查信度。

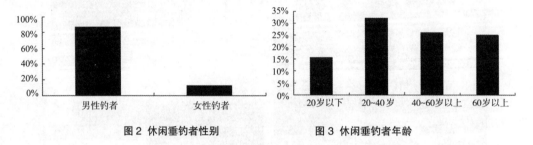

图 2 休闲垂钓者性别   图 3 休闲垂钓者年龄

（2）休闲垂钓者年垂钓次数 50 次以下、51～100 次、101～150 次、151～200 次、200 次以上所占的百分比分别为 46.3%、26.3%、11.6%、3.2%、12.6%，钓鱼次数以低频为主，随着钓次增加人数直线下降，直至铁杆钓者出现（图 4）。休闲垂钓者次垂钓时长 2 h 以下、2～4 h、2～6 h、6～8 h、8 h 以上所占的百分比分别为 21.1%、53.7%、16.8%、2.1%、6.3%，超过 50% 的垂钓者垂钓时长在 2～4 h（图 5），垂钓基本以休闲为主。

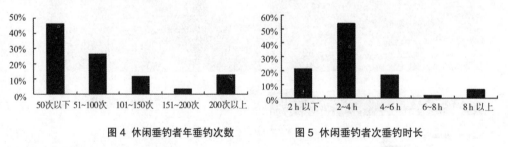

图 4 休闲垂钓者年垂钓次数   图 5 休闲垂钓者次垂钓时长

（3）休闲垂钓者年垂钓获量 11.3 kg、27 kg、30 kg、48.8 kg、67.5 kg、72 kg、81 kg、86.3 kg、117 kg、153 kg、162 kg、207 kg、216 kg、247 kg、351 kg、437 kg、439 kg、621 kg、776 kg 所占的百分比分别为 38.9%、6.3%、11.6%、1.1%、2.1%、12.6%、1.1%、3.2%、7.4%、1.1%、1.1%、3.2%、1.1%、1.1%、1.1%、1.1%、1.1%、1.1%、3.2%，钓鱼获量以低量为主，接近 40%（图 6），休闲垂钓者垂钓获得种类鲫鱼、鲶鱼、鲤鱼、草鱼、鲢鱼所占的百分比分别为 46%、18%、18%、11%、7%，以野杂鱼为主（图 7）。休闲垂钓者垂钓获

物的处理方式即食用、放生、卖掉、自养、送人所占的百分比分别为 29.0%、45.7%、2.2%、12.3%、10.9%（图 8）。

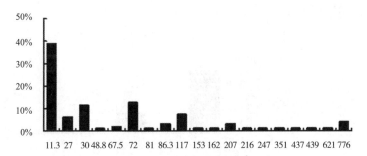

图 6　休闲垂钓者年垂钓不同获量所占百分比

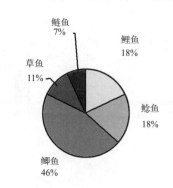

图 7　休闲垂钓者垂钓获种类及所占百分比

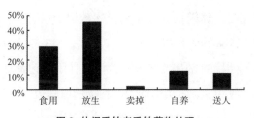

图 8　休闲垂钓者垂钓获物处理

（4）休闲垂钓者垂钓场所在岸边、桥上、桥下所占的百分比分别为 67.3%、21.8%、10.9%，垂钓场所以岸边占绝对优势，接近 70%（图 9），休闲垂钓者具垂钓钓具 1 根钓竿、2 根钓竿、3 根钓竿、渔网及其他所占的百分比分别为 67.4%、20.0%、6.3%、3.2%、3.2%，以 1 根钓竿占绝对优势，接近

70%（图10）。休闲垂钓者垂钓使用饵料活饵、荤饵、素饵、拟饵及其他所占的百分比分别为11.7%、19.1%、12.8%、41.5%、2.1%，以合成饵料为主的，超过40%（图11）。

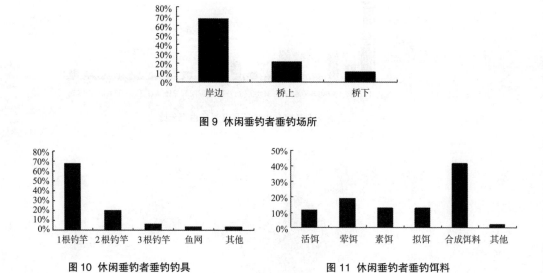

图9　休闲垂钓者垂钓场所

图10　休闲垂钓者垂钓钓具

图11　休闲垂钓者垂钓饵料

3 调查结论

经调查，临沂沂河休闲垂钓有氧运动男女性别比例差别较大，此现象符合当前人们的兴趣爱好状况，中年爱好者较多，其次是青年爱好者，说明我市休闲垂钓后备力量充足。休闲垂钓者年钓鱼次数以50次以下的低频（46.3%）为主；休闲垂钓者次垂钓时长以2～4 h的低时（53.7%）为主；休闲垂钓者年垂钓获量以30 kg以下的低量（56.8%）为主；休闲垂钓者垂钓获种类以鲫鱼、鲶鱼和鲤鱼（82.0%）为主；休闲垂钓者垂钓场所以岸边（67.3%）占绝对优势；休闲垂钓者垂钓钓具以1根钓竿（67.4%）占绝对优势；休闲垂钓者垂钓饵料多元化，以合成饵料（41.5%）为主。这些数据显示，临沂休闲垂钓的确是在垂钓过程中体现以休闲为主。

我们很关心的"休闲垂钓对沂河水质是否产生影响"问题得到了解答。新华网和山东卫视等大量媒体报道显示，临沂全市垂钓爱好者达120万人。我们将经常在河流垂钓者人数设定为 1%，即 1.2 万人计算，他们的年垂钓获量（非放生）总计则达 $120×10^4$ kg。临沂自 2011 年开展沂河放鱼节放鱼养水保护沂河水质以来，4 年来先后放鱼约 $5×10^4$ kg、$40×10^4$ kg、$50×10^4$ kg 和 $55×10^4$ kg，沂河放鱼节增殖放流量只占到垂钓渔获量的 31.25%。同时，对沂河水质维持起到最重要作用的鲢鱼的年垂钓量只有不到 $7×10^4$ kg，水质才没有较大改变。

4 我们的建议

（1）加强对垂钓地点的管理，尽量清理或减少桥上的垂钓者。

（2）在垂钓打窝子时要少投鱼食，以免造成水体富营养化。

（3）渔政部门清理渔网捕鱼、鱼鹰捕鱼、电鱼和炸鱼等危险行为。

（4）加强对休闲垂钓的引导，减少带走的渔获量，或直接放生。

（5）继续加大沂河放鱼节增殖放流鱼类的种类和总量。

（6）减少对鲢鱼和鳙鱼等净水鱼类的垂钓，它们是沂河水质"保护神"。

用"生态思维"和"低碳理念"创建现代化校园

【摘要】 临沂第四中学组织"创建生态现代化校园"活动,"生态创意时时见 低碳生活处处为"活动在历时8个多月的时间后,成功地普及了校园,学校颁布了一系列的措施,并开始着手建设一批节能环保的硬件设施;食堂里不再用一次性餐具了,超市里也限制了塑料袋的供应。让"生态、低碳"等概念走进了同学们的生活,并在同学们的传播下,走进了家庭,走向了社会。

【关键词】 生态校园;绿色环保;综合实践

1 活动背景

临沂第四中学位于山东省临沂市北城新区,紧邻临沂市政府。附近区域将成为临沂市经济、文化和政治中心。临沂四中对本区域的文化发展起着至关重要的作用,在这个倡导节约、呼唤低碳的社会大形势下,在临沂创建全国文明城市和国家环保模范城市的推动下,我们积极参与其中,适时组织开展了"创建生态现代化校园"的活动。

2 活动目的

(1)利用已掌握知识及相关材料展示出校园环保的实例,让同学们更好地了解我们的校园,并鼓励同学们节约能源、保护环境。

(2)通过多方面的调研,对校园有一个细致和全面的认识,并运用相关知识发现未被利用的绿色资源，对之加以利用，提高资源的利用率。

（3）发现校园中暂时没有的但有利于生态建设的设施或措施，并上报学校来对其进行建设，以进一步提高校园生态的水平。

（4）将设计方案向同学们展示，让同学们了解生态校园，倡导绿色文化的理念，鼓励同学们低碳生活，宣传环保观念，让同学们参与其中，并通过自己的双手营造出一个良好的学习和生活坏境。

3 活动意义

（1）在活动中开发学生的潜能，帮助学生树立大胆创新意识，培养学生实事求是的科学态度，发掘学生潜力，培养学生的科学实践能力，提高学生综合素质，让学生成为现代社会所需要的高素质创新型人才。

（2）通过实践活动的磨练，了解团队精神的重要性，让学生适应团队合作和更好地利用团队合作，为以后学生进入社会打下一定的基础。

（3）培养学生获取信息和处理信息的能力、分析问题和解决问题的能力、与人合作交流的能力、独立学习及动手实践的能力。

（4）让学生从活动中体验到科学的乐趣，能够让学生运用自己所掌握的知识和科学的思维方法对客观事物进行观察分析综合，表达自己的感受看法和意见,提出有针对性的思路与方案,并学习到大量的科学知识,丰富自己的内涵。

（5）通过此次活动，面对全体师生，对学校的整体情况进行宣传，鼓励同学们参与到学校的生态建设中来，不仅能美化校园环境，提高学校的环境质量水平，使学校更加节能、更加环保、更加生态，而且能够形成良好的校园风气，提高学校整体水平，为学生营造出良好的学习环境。

4 活动计划

（1）招募同学，由同学组成"校园生态研究小组"。

（2）请教专家、老师和学长，调取相关经验材料。

（3）分解课题，选定几个最具代表性的子课题。

（4）拟订活动计划，递进性地开展子课题的活动。

（5）总结活动成果，写出课题活动报告，详细叙述活动思路。

（6）公开展示活动过程与活动所取得的成果，进行倡导和呼吁，引起师生们的广泛关注。

5 活动过程

5.1 节约能源

我们对学校现有的公共设施进行考察和研究，分析和研究所得资料，找出能够节约能源的设施，然后针对这些设施进行具体的调查和研究，并通过观察和查阅书籍等方式来更加清晰地看到它们的价值和作用，然后就对其进行宣传，让同学们更好地认识和保护它们。

（1）我们发现学校教室内用的全部都是节能灯，而且由原本老校的 12 根灯管精简到了现在的 9 根管，在相同光通量的条件下，大大节约了耗能量。虽然省钱不多，经济效益并不明显，但生态效益却着实可观，按每 1 度电释放二氧化碳 1 kg 来算，学校一年将省电 23 400 度，就会减少 23 400 kg 二氧化碳的排放量，这可是为生态环保做出了一大贡献。

（2）我们对学校的节水设施进行了研究，发现学校厕所所用的冲水蹲便器也比普通的冲水马桶要节约得多，我们通过网络搜索和查阅书籍对两者进行了比较，结果学校的蹲便器比国家环保总局发布的建筑卫生陶瓷产品环境保护行业标准中对于蹲便器的节水所做出的"蹲便器平均用水量不超过 8 L"的要求节水量超过了 50%，甚至达到 60%。

（3）学校在食堂楼顶的空地上投资建设了大量的太阳能热水器，积极利用新型能源，基本上解决了食堂后方以及开水房和浴池的热水供应，这将是学校对新能源的一大科学利用。

5.2 保护环境

我们通过细心观察，与相关负责老师交流，了解了学校的环保措施，然后经过调查和计算弄清了这些措施的价值。通过对这个探究过程的总结，我们也意识到一些不足，并对其提出了合理有效的建议，最后向同学们宣传，鼓励同学们亲身参与进来。

5.3 生态绿化

我们先计算校内的绿地面积和绿地率，做一个整体的调查，以求对校园的绿化有一个整体的认识，之后再对校园的每一块绿化区每一点进行细致的实地考察，能详细地了解学校绿化的情况，认识到学校绿化的价值和作用，然后发现学校绿化方面还存在的问题，并通过考察讨论以及查阅资料提出解决措施，最后向同学们展示学校的绿化建设成果，让同学们对学校的绿化建设由部分认识上升到全面细致了解的层次，并开展爱护绿地、建设绿地活动，让同学们亲自参与到学校的绿地建设上来，亲手为自己建设一个绿色的学习和生活环境。

5.4 校园内存在的问题及解决措施

（1）对于水资源的循环利用问题，我们认为可以在学校里建立一个水处理站，对一些利用程度不大的水进行处理，然后把这些水用于校园植被的灌溉等方面。

（2）在学校的夜间照明方面，我们建议用现代化的手段使用一些荧光等高科技节能的照明设备，这样既可以起到节能的作用，也可以充分突出体现我们活动的生态现代化主题。

（3）对于学校混包措施存在不足的问题，我们认为学校应该把垃圾箱分类，让同学们扔垃圾时分类处理，而且以现在高中生的素质足以支持此活动的运转，这样既有利于环保，又有利于树立同学们的环保意识，何乐而不为呢？

（4）对于垃圾箱的摆放问题，我们向学校建议增加垃圾箱的数目和设置更多的安置点，从而方便同学们能随时处理好手中的垃圾。

（5）在一次性用品方面，对于食堂，我们建议其窗口合理使用一次性制品，走可持续发展之路；对于超市，我们建议超市内的塑料袋有偿使用，以此来提高同学们对环保的重视程度，最终达到减少塑料袋垃圾的产量。

（6）关于绿化区内闲置土地的问题，我们就这些绿化区的各因素进行了考察和分析（包括土壤、阳光照射程度、水分等），对其可添加种植的树种进行罗列和建议，然后上报学校，由学校进行统一规划。

（7）有关运动场隔离栏的防护，我们建议在隔离栏上种上一些藤蔓植物（爬山虎等），这样可以使整个运动场沉浸在绿色的海洋中，并且还可以通过植物的光和作用，给剧烈运动的同学们提供大量的新鲜氧气，既美观又实用。

（8）对于树下的植被覆盖问题，我们认为可以植入草皮，加入一些草本植物，还可以再放上石凳、石椅，让师生在工作学习之余能享受到自然气息，提高工作学习效率。

5.5 整体宣传活动

在所有的子课题结束后，我们将建议整理上报学校，让学校有关方面对已有的措施和设施进行改善和补充，争取使学校的生态建设工作再上一个台阶。然后我们对各个子课题的成果进行了整理，并通过各种方式在校内进行宣传，倡导同学们参与其中，然后让同学们再进行二次宣传（即向家人、朋友等进行宣传），把我们的影响力扩大到全市，让我们的校园活动成为我们的城市活动，让"生态现代化校园"活动成为"生态现代化城市"活动，让我们学生的活动成为市民的活动。

6 收获和体会

活动中，我们把课内所学的知识应用在了实地的调查探究过程中，并且通过查阅资料等途径获得了大量的与生态环保有关的知识，然后在实践活动中将这些知识融汇贯通，并将生态环保与我们的生活结合在了一起，在节能环保中获得了成功感与满足感。

我们还懂得了团队的重要性，没有团队很多任务是完成不了的，只有通过团队合作，才能使任务高效圆满地完成，不仅是团队，还有群众，只有有坚实的群众基础，活动才能顺利进行，因为活动不是一个人的活动，而是全体同学们的活动。

活动还培养了我们的交际能力和语言表达能力，使我们的性格更开朗、大方，更能适应与同学的相处，有利于在以后踏入社会后能更加容易地适应社会生活。

　　不仅我们收获颇丰，我们的同学们和校园也收获很多，同学们学到了大量的知识，明白了节能环保的重要性，并慢慢地应用于实践，用自己的力量为社会做出了一份不起眼但很有意义的贡献，我们的校园也因此变得更加干净了，不仅节省了学校的一部分开支，而且让学校学生的整体素质也有了提升，这也是学校教育水平的上升。

参考文献

[1]　吴小春，张伟宁，温立国，等．绿色生态校园建设探究 [J]．教育实践与研究，2016，（10）：8-10．

[2]　宋志萍．生态文明视角下的生态校园建设 [J]．吕梁教育学院学报，2016，33（2）：41-43．

[3]　申左元．生态校园建设研究 [D]．咸阳：西北农林科技大学，2016．

第四节
城市果蔬残毒调查

核心素养 🍃

文化基础 / 人文底蕴 / 人文情怀

文化基础 / 科学精神 / 理性思维

文化基础 / 科学精神 / 批判质疑

文化基础 / 科学精神 / 勇于探究

自主发展 / 健康生活 / 珍爱生命

社会参与 / 责任担当 / 社会责任

学习方式 🍃

查阅信息、讨论交流、调查实验

主要问题 🍃

1. 如何获得选题灵感？

2. 如何开展一项城市果蔬残毒调查课题？

3. 你感觉城市果蔬残毒调查需要做好哪些准备？

临沂城区大型超市和农贸市场果蔬亚硝酸盐含量调查

【摘要】　本调查研究通过检测、评估临沂市大型超市及农贸市场应季、反季及不同类型的蔬菜水果中亚硝酸盐的含量，为临沂市蔬菜水果的安全供应、居民的合理食用以及提高和保障消费者的健康提供理论依据。临沂市各大超市和农贸中蔬菜和水果亚硝酸盐含量大小为：根茎类＞叶菜类＞果实类；土豆＞芹菜＞萝卜＞黄瓜＞白菜＞苹果＞葡萄＞西红柿；样品组 JZ ＞样品组 YZ ＞样品组 DF ＞样品组 ZQ ＞样品组 SH；秋季＞夏季＞冬季＞春季；反季与应季的蔬菜水果亚硝酸盐含量没有较大差异，部分反季蔬菜水果中亚硝酸盐含量甚至低于应季蔬菜水果。所调查的 160 个样品中，除有 4 个样品超过国家标准，其他样品含量均较低，不会对市民健康产生较大影响，可放心食用。

【关键词】临沂；蔬菜；水果；亚硝酸盐

1 研究背景

随着生活水平不断提高，人们对食品安全的关注与日俱增。蔬菜水果中，尤其是叶类的极易积累亚硝酸盐，如今食物中亚硝酸盐的积累问题已引起世界各国普遍关注。经现代医学证明，若亚硝酸盐在人体内积累过多，一方面它会使人缺氧中毒，产生高铁血红朊症；另一方面，在酸性条件下，亚硝酸盐可与次级胺形成亚硝胺，在已发现的 120 种亚硝胺化合物中，约有 75% 的亚硝胺能诱发人体消化系统癌变。已有研究表明人体中的亚硝酸盐有 70%～80% 来自蔬菜水果[1-2]。针对这一现象，我国已对无公害蔬菜中的亚硝酸盐含量提出明确的限量标准：亚硝酸盐应≤ 4.0 mg · kg⁻¹。

我们日常生活中常见的蔬菜水果中，其亚硝酸盐含量是否超标呢？反季节果蔬与应季果蔬相比，难道真的如传言般亚硝酸盐含量猛增吗？超市卖场和农贸市场，谁的亚硝酸盐含量更高呢？我们决定开展一次"您身边的果蔬亚硝酸盐超标吗？"调查实践活动。

2 研究目的

通过调查活动，让同学们在查阅资料、实地观察、调查访问、请教专家的基础上，认识和了解亚硝酸盐。本调查研究通过检测、评估临沂市大型超市及农贸市场应季、反季及不同类型的蔬菜水果中亚硝酸盐的含量，为临沂市蔬菜水果的安全供应、居民的合理食用以及提高和保障消费者的健康提供理论依据。

3 研究方法

3.1 调查问卷法

3.1.1 设计调查问卷

针对大家感兴趣的话题，设计了 7 个问题，包括 6 个选择题和 1 个填空题。

3.1.2 发放调查问卷

在街头进行调查，共发放 100 份，回收有效调查问卷 96 份。

3.2 实验检测法

3.2.1 材料

材料来源为临沂市有代表性的超市卖场（九州超市，标记为样品组 JZ；银座超市，标记为样品组 YZ；东方超市，标记为样品组 DF）和农贸市场（站前农贸，标记为样品组 ZQ；三合农贸，标记为样品组 SH）两类共 5 家，材料种类为临沂市有代表性的蔬菜（土豆、芹菜、萝卜、白菜、黄瓜和西红柿）和水果（葡萄和苹果）两类共 8 种，材料取样时间为 2014 年 5 月 10 日、7 月 10 日、10 月 3 日和 2015 年 1 月 3 日取样，总计 160 个样品（图 1）。

3.2.2 仪器

亚硝酸盐测定仪 1 台、离心机 1 台和榨汁机 2 台。

材料的亚硝酸盐测定采用 HANNA HI96707 亚硝酸盐浓度测定仪（EPA 改进方法，解析度为 0.001 mg · L^{-1}）。

3.2.3 方法

3.2.3.1 原料准备

把样品用蒸馏水清洗干净，用蔬果刀把样品可食部分切成小块，用榨汁机把样品榨成匀浆，利用离心机高速离心沉淀，取上清液，原料准备工作完成。

3.2.3.2 样本制作

用胶头滴管慢吸离心管中的上清液，慢慢滴进量筒准确量取，稀释至 10 mL 标准体积，缓缓倒入实验瓶，标本待测液完成。

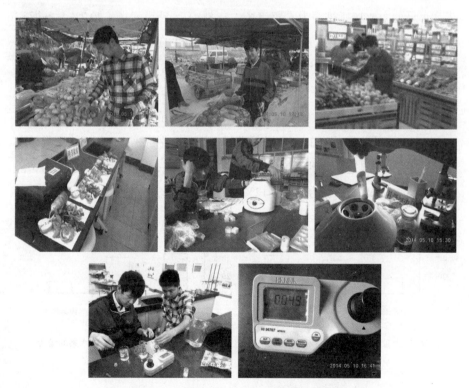

图 1　临沂市大型超市及农贸市场果蔬亚硝酸盐含量调查

3.2.3.3 实验操作

用标本待测液在仪器上校零，之后加入药品并左右缓缓震荡，放入仪器测试口，测试，反复 3 次读数，取平均值并记录数据。

3.2.4 数据分析

数据分析采用 SPSS 17.0 中文版软件，计算平均值、标准偏差和差异显著度，作图采用 Excel 软件。

4 结果与分析

4.1 感官评价

调查结果显示：人们对蔬菜水果中亚硝酸盐含量的关注度排序为基本不关注（43.80%）＞偶尔关注（38.5%）＞经常关注（17.7%）（图 2）；人们购买蔬菜水果的主要场所排序为农贸市场（45.8%）＞超市卖场（40.7%）＞街头摊贩（13.5%）（图 3）；人们对蔬菜水果的安全性的感官评价排序为两者差不多（54.2%）＞蔬菜（28.1%）＞水果（17.7%）（图 4）；人们对应季反季蔬菜水果的安全性的感官评价排序为应季（79.2%）＞两者差不多（14.6%）＞反季（6.2%）（图 5）；人们对食用部位的安全性的感官评价排序为根茎类（40.6%）＞叶菜类（33.3%）＞果实类（26.1%）（图 6）；人们对货源货品安全性的感官评价排序为九州超市（35%）＞银座超市（21%）＞东方超市（16%）＝站前农贸（16%）＞三合农贸（12%）（图 7）。

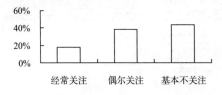

图 2　大家对蔬菜水果中亚硝酸盐关注度

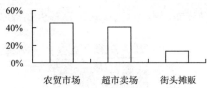

图 3　大家经常购买蔬菜水果的场所

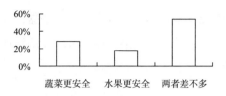

图 4　大家对蔬菜水果安全性的感官评价

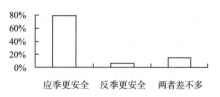

图 5　大家对应季反季安全性的感官评价

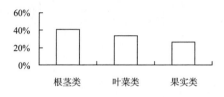

图 6　大家对食用部位安全性的感官评价

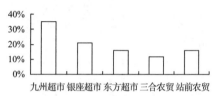

图 7　大家对货源货品安全性的感官评价

4.2 不同蔬菜水果可食部位的亚硝酸盐含量

根茎类蔬菜亚硝酸盐含量高于叶菜类和果实类，每种蔬菜亚硝酸盐平均含量特点为：土豆＞芹菜＞萝卜＞黄瓜＞白菜＞西红柿（图 8）。土豆亚硝酸盐含量最高，为 $2.342\pm0.240\,mg\cdot kg^{-1}$，变动范围为 $0.270\sim4.530\,mg\cdot kg^{-1}$；芹菜亚硝酸盐含量次之，为 $1.633\pm0.600\,mg\cdot kg^{-1}$，变动范围为 $0.275\sim12.000\,mg\cdot kg^{-1}$；萝卜亚硝酸盐含量第三，为 $1.571\pm0.227\,mg\cdot kg^{-1}$，变动范围为 $0.490\sim4.240\,mg\cdot kg^{-1}$；黄瓜亚硝酸盐含量第四，为 $0.856\pm0.195\,mg\cdot kg^{-1}$，变动范围为 $0.130\sim3.900\,mg\cdot kg^{-1}$；白菜亚硝酸盐含量第五，为 $0.844\pm0.142\,mg\cdot kg^{-1}$，变动范围为 $0.165\sim2.360\,mg\cdot kg^{-1}$；西红柿亚硝酸盐含量最低，$0.141\pm0.228\,mg\cdot kg^{-1}$，变动范围为 $0.013\sim0.506\,mg\cdot kg^{-1}$。值得注意的是，水果中亚硝酸盐含量远低于蔬菜。每种水果亚硝酸盐平均含量特点为：苹果＞葡萄（图 8）。苹果亚硝酸盐含量为 $0.341\pm0.181\,mg\cdot kg^{-1}$，变动范围为 $0\sim2.910\,mg\cdot kg^{-1}$；葡萄亚硝酸盐含量为 $0.309\pm0.100\,mg\cdot kg^{-1}$，变动范围为 $0.068\sim1.910\,mg\cdot kg^{-1}$。

有研究发现，亚硝酸盐在蔬菜体内的分布情况为根、茎含量高于叶、果。叶片是亚硝酸盐还原的主要场所，在光合作用过程中，形成 FADH 和 NADPH，它们是亚硝酸还原酶的电子传递体，能促进亚硝酸盐还原。在根茎等非绿色或光合作用较弱的组织中，主要依靠呼吸作用产生的还原力进行亚硝酸盐还原，而叶片组织中的亚硝酸还原酶活力高于根、茎，所以亚硝酸盐在蔬菜体内的分布情况为根、茎含量高于叶、果 [3-4]。而水果往往还有较高的抗坏血酸，能起到显著低降低亚硝酸盐的功能 [5]。

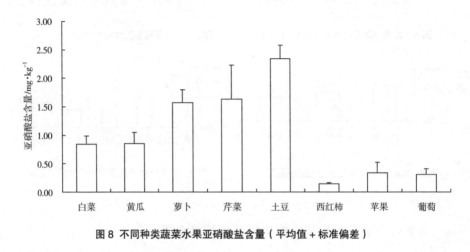

图 8 不同种类蔬菜水果亚硝酸盐含量（平均值 + 标准偏差）

4.3 不同超市卖场和农贸市场中的蔬菜水果可食部位的亚硝酸盐含量

不同超市卖场和农贸市场中的蔬菜水果可食部位的亚硝酸盐平均含量特点为：样品组 JZ ＞样品组 YZ ＞样品组 DF ＞样品组 ZQ ＞样品组 SH（图 9）。样品组 JZ 蔬菜水果亚硝酸盐含量最高，为 1.327 ± 0.227 mg·kg^{-1}，变动范围为 $0.013 \sim 4.115$ mg·kg^{-1}；样品组 YZ 蔬菜水果亚硝酸盐含量次之，为 1.140 ± 0.393 mg·kg^{-1}，变动范围为 $0.018 \sim 12.000$ mg·kg^{-1}；样品组 DF 蔬菜水果亚硝酸盐含量第三，为 0.980 ± 0.215 mg·kg^{-1}，变动范围为 $0.014 \sim 4.530$ mg·kg^{-1}；样品组 ZQ 蔬菜水果亚硝酸盐含量第四，为 0.956 ± 0.183 mg·kg^{-1}，变动范围为 $0.024 \sim 3.670$ mg·kg^{-1}；样品组 SH 蔬菜水果亚硝酸盐含量最低，为 0.680 ± 0.149 mg·kg^{-1}，变动范围为 $0.000 \sim 3.900$ mg·kg^{-1}。总的来说，超市卖场蔬菜水果可食部位的亚硝酸盐含量高于农贸市场的，这可能是因为农贸市场的蔬菜水果较超市卖场的更为新鲜的缘故。

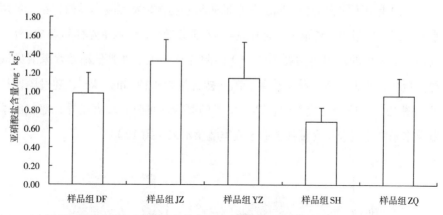

图 9 不同超市卖场和农贸市场蔬菜水果亚硝酸盐含量（平均值＋标准偏差）

4.4 不同季节蔬菜水果可食部位的亚硝酸盐含量

不同季节的蔬菜水果可食部位的亚硝酸盐平均含量特点为：秋季＞夏季＞冬季＞春季（图 10）。秋季蔬菜水果亚硝酸盐含量最高，为 $1.613\pm0.340\,mg\cdot kg^{-1}$，变动范围为 $0.022\sim12.000\,mg\cdot kg^{-1}$；夏季蔬菜水果亚硝酸盐含量次之，为 $0.971\pm0.186\,mg\cdot kg^{-1}$，变动范围为 $0.013\sim3.960\,mg\cdot kg^{-1}$；冬季蔬菜水果亚硝酸盐含量第三，为 $0.809\pm0.147\,mg\cdot kg^{-1}$，变动范围为 $0.019\sim4.240\,mg\cdot kg^{-1}$；春季蔬菜水果亚硝酸盐含量最低，为 $0.671\pm0.101\,mg\cdot kg^{-1}$，变动范围为 $0\sim2.840\,mg\cdot kg^{-1}$。

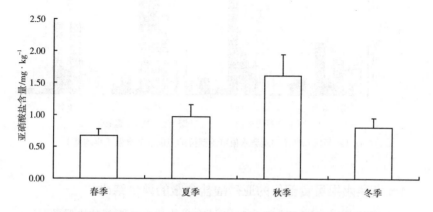

图 10 不同季节蔬菜水果可食部位的亚硝酸盐含量（平均值＋标准偏差）

　　不同季节不同卖场和不同蔬菜水果亚硝酸盐含量特点基本类似，春、冬两季卖场间差异很小，夏季主要是样品组 JZ 显著增高，而秋季除样品组 SH 外，其他 4 家卖场的均显著增高（图 11）。除芹菜和土豆外其他蔬菜水果亚硝酸盐含量变化不大，其中秋季芹菜亚硝酸盐含量为 4.199 mg · kg^{-1}，超过国家标准（图 12）。反季与应季的蔬菜水果亚硝酸盐含量没有较大差异，部分反季蔬菜水果中亚硝酸盐含量甚至低于应季蔬菜水果（图 12）。

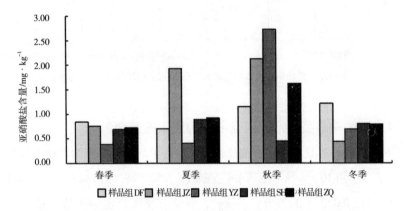

图 11 不同季节不同卖场蔬菜水果可食部位的亚硝酸盐含量（平均值）

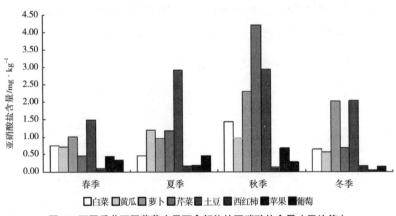

图 12 不同季节不同蔬菜水果可食部位的亚硝酸盐含量（平均值）

4.5 蔬菜水果可食部位的亚硝酸盐含量的评价结果

　　按中华人民共和国卫生部 1994 年批准实施的食品亚硝酸盐限量卫生标准，规定允许限量≤4 mg · kg^{-1}进行评价，所有的 160 个样品中，有 4 个超过国家标准，分别为：秋季样品组 YZ 的芹菜亚硝酸盐含量为 12.000 mg · kg⁻¹；秋季样品组 DF 的土豆亚硝酸盐含量为 4.530 mg · kg⁻¹；冬季样品组 DF 的萝卜亚硝酸盐含量为 4.240 mg · kg⁻¹；秋季样品组 JZ 的芹菜亚硝酸盐含量为 4.115 mg · kg⁻¹。

5 研究结论

临沂市各大超市和农贸中蔬菜和水果亚硝酸盐含量大小为：根茎类＞叶菜类＞果实类，土豆＞芹菜＞萝卜＞黄瓜＞白菜＞苹果＞葡萄＞西红柿；样品组 JZ ＞样品组 YZ ＞样品组 DF ＞样品组 ZQ ＞样品组 SH；秋季＞夏季＞冬季＞春季；反季与应季的蔬菜水果亚硝酸盐含量没有较大差异，部分反季蔬菜水果中亚硝酸盐含量甚至低于应季蔬菜水果。

临沂市市售蔬菜水果亚硝酸盐含量普遍较低，并未受到严重污染。所调查的 160 个样品中，除有 4 个样品含量超过国家标准，其他样品含量均较低，不会对市民健康产生较大影响，可放心食用。

6 对策与建议

（1）不要盲目地认为超市卖场的果蔬质量一定好过农贸集市的。超市果蔬更新较慢，亚硝酸盐含量有所积累；而农贸蔬果流量大、更新快，可能更新鲜所以安全。

（2）建议秋季少吃根茎类蔬菜，多以蔬果类为食。既保障蔬果的摄入平衡，也防止吸收较多的亚硝酸盐。

（3）虽然本实验测出果蔬中含有少量亚硝酸盐，但基本都在安全限值内，不要因噎废食，就少吃或不吃果蔬，它们的危害与益处相比微乎其微。

致谢：临沂市科学探索实验室提供检测仪器和药品，表示诚挚感谢。

参考文献

[1] 魏珂萍, 王芳, 刘汉超 . 临沂市市售蔬菜硝酸盐和亚硝酸盐含量测定 [J]. 上海蔬菜, 2009, （3）: 11-12.

[2] 于淑池 . 湖州市蔬菜硝酸盐和亚硝酸盐污染现状分析 [J]. 湖州师范学院学报, 2008, 30（2）: 41-45.

[3] 黄建国, 袁玲 . 重庆市蔬菜硝酸盐、亚硝酸盐含量及其与环境的关系 [J]. 生态学报, 1996, 16（4）: 383-388.

[4] 周鲜娇, 潘进权, 潘艿芹, 等 . 湛江市售蔬菜亚硝酸盐含量调查及不同条件下的变化 [J]. 湖北农业科学, 2014, 53（11）: 2584-2587.

[5] 詹秀环, 王子云, 郭鹏飞 . 抗坏血酸对蔬菜中亚硝酸盐含量的影响 [J]. 浙江农业科学, 2014, 55（5）: 678-680.

杨梅酒发酵剂的制备

【摘要】　试验主要是对实验室分离到的适合杨梅酒发酵的酿酒酵母（*Saccharomyces cerevisiae* ZHY07）进行发酵剂的制备；从培养条件到固态发酵剂的制备工艺进行了科学研究。结果表明发酵菌株 ZHY07 的最优培养基组成为葡萄糖 2.5%，硫酸铵 1%、硫酸镁 0.15%。最适培养的环境条件为温度 28℃，接种量 3.0%，培养时间 24 h，pH 5.0。固态发酵剂制备中的保护剂的配方为 20% 的脱脂奶粉，2% 的甘油，0.5% 的 80 吐温，冷冻干燥后菌剂的活菌数能达到 7.2×10^{10} CFU $\cdot$ g^{-1}。

【关键词】　杨梅酒；酿酒酵母；发酵剂

杨梅（*Myrica rubra*）是一种营养丰富的水果，含有多种氨基酸、柠檬酸、维生素、矿物质及较高的糖分，具有生津解渴和胃消食的功效[1]。杨梅酒是以杨梅为原料经过发酵生产的一种新型果酒，具有极高的营养价值和药用功效[2]。有研究表明，杨梅酒具有良好的清除自由基和抗氧化能力[3]，对降血压、降血脂、抗肿瘤[4-5]、增强免疫力有一定的功效[6]。而且，杨梅酒的抑菌性[7]，为杨梅果酒辅助性治疗消化道感染提供了依据[8]。

目前市面上的杨梅酒品质参差不齐，普遍存在颜色暗淡、风味不足等问题[9]。王煜凯等通过前期反复进行多次驯化、筛选，最终获得能够适应在杨梅汁中快速生长繁殖和发酵的酿酒酵母，暂命名酿酒酵母 A。试验表明，此酿酒酵母 A 使发酵过程更顺畅，杨梅酒的口感等各方面质量更佳。为获得高数量和高活性的酿酒酵母 A，使该酵母菌剂制备关键技术更加合理、优化，拟打算以酿酒酵母 A 的生长情况为测定指标，通过培养基和发酵条件进行单因素试验，并通过正交试验对其制备条件进行优化[10]。

1 材料与方法

1.1 材料

试验菌株：酿酒酵母 A。

YPD 基础培养基：蛋白胨 10 g，萄萄糖 20 g，蒸馏 1 L，酵母膏 10 g，121 ℃灭菌 15 min。

1.2 仪器与设备

SW-CJ-2D 型超净工作台，苏州净化设备有限公司；SPX-250BSH-Ⅱ生化培养箱，上海新苗医疗器械制造有限公司；TU-1901 紫外－可见分光光度计：北京普析通用仪器有限责任公司；PHB-4 便携式 pH 计，上海三信仪表厂；全自动 LMQ-J3870C 蒸汽灭菌锅，山东新华医疗器械股份有限公司。

1.3 试验方法

1.3.1 培养基成分的优化

1.3.1.1 碳源单因素试验

以 YPD 培养基中的配方为基础配方，将其中的碳源用等量的蔗糖、淀粉、玉米粉替换，将 2% 的酿酒酵母接入不同碳源的培养基，在 28℃、120 r·min^{-1} 振荡培养 24 h，在 600 nm 下测定 OD 值，确定最佳碳源。

1.3.1.2 氮源单因素试验

将 YPD 培养基中的蛋白胨分别用尿素、硫酸铵和酵母膏代替，将 2% 的酿酒酵母 A 接入，在 28℃、120 r·min^{-1} 振荡培养 24 h，在 600 nm 下测定 OD 值，确定最佳氮源。

1.3.1.3 无机盐单因素试验

YPD 培养基中的 $MgSO_4 \cdot 7H_2O$ 分别用硫酸锰、硫酸亚铁、硫酸锌代替，将 2% 的酿酒酵母 A 接入，在 28 ℃、120 r · min^{-1} 振荡培养 24 h，在 600 nm 下测定 *OD* 值，确定最佳无机盐种类。

1.3.1.4　正交试验

依据上述单因素试验结果，设计由碳源、氮源、无机盐构成的 L9（33）正交试验表 1，在 YPD 培养基中进行发酵试验，确定培养基的最佳组成。

表 1　培养基正交试验因素水平

水平	因素		
	碳源 /%	氮源 /%	无机盐 /%
1	1.5	1.0	0.1
2	2.0	1.5	0.15
3	2.5	2.0	0.2

1.3.2　培养条件的优化

以上述单因素试验确定的培养基构成为配方，进行培养条件的优化。

1.3.2.1　初始 pH 单因素试验

初始 pH 4.0、4.5、5.0 和 5.5，在 25 ℃下，120 r · min^{-1} 震荡培养 24 h，在 600 nm 下测定 *OD* 值，确定最佳 pH。

1.3.2.2　发酵温度单因素试验

在上述试验获得的最优初始 pH 为发酵起始 pH、接种量仍然为 2%，将发酵温度分别设置为 20 ℃、24 ℃、28 ℃和 32 ℃、120 r · min^{-1} 震荡培养 24 h，600 nm 下测定 *OD* 值，确定最佳温度。

1.3.2.3　发酵时间单因素试验

在上述试验获得的最优初始 pH、发酵温度的条件下，仍然维持 2% 接种量，将不同试验培养组的培养物分别在 20 h、24 h、28 h 和 32 h 终止培养，120 r · min^{-1} 震荡培养 600 nm 下测定 *OD* 值，确定最佳发酵时间。

1.3.2.4　接种量单因素试验

在上述试验获得的最优初始 pH、发酵温度、发酵时间的条件下，将接种量改为 1%、2%、3% 和 4%。

1.3.2.5 正交试验

采用"四因素三水平"的 L9（34）正交试验，以温度、pH、接种量和时间为考核因素，确定最佳发酵条件。正交因素水平见表 2。

表 2 发酵条件正交试验因素水平

水平	因素			
	A 温度 /℃	B 接种量 /%	C 培养时间 /h	D pH
1	1.5	1.5	22	4.5
2	2.0	2	24	5
3	2.5	2.5	26	5.5

1.3.3 冷冻保护剂组成的优化

冷冻保护剂参考相关文献[11-13]用使用最多的 3 种成分进行正交优化。以脱脂奶粉、甘油和吐温 80 为考核因素，采用"三因素三水平"的 L9（33）正交试验，确定冷冻保护剂对酿酒酵母 A 的影响，因素水平见表 3。

表 3 冷冻保护剂正交试验因素水平

水平	因素		
	脱脂奶粉 /%	甘油 /%	吐温 80/%
1	20	2.0	0.5
2	22	3.0	1.0
3	24	4.0	1.5

2 结果与讨论

2.1 培养基的优化

2.1.1 单因素试验结果

2.1.1.1 碳源对酵母菌生长的影响

以等量葡萄糖、蔗糖、淀粉和玉米粉作为碳源，测得 600 nm 处的吸光度 *OD* 值，如图 1 所示。

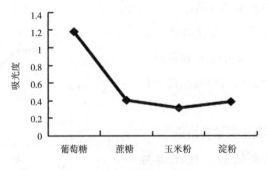

图 1　碳源对酵母菌生长的影响

由图 1 可以看出，酿酒酵母 A 在碳源为葡萄糖的培养基中生长得最好，与其他碳源相比葡萄糖为单糖结构，可直接吸收利用，菌体利用率高，单位时间内利用率大。其次为蔗糖、淀粉，在玉米粉中生长得最少，故选葡萄糖为最优碳源。

2.1.1.2　氮源对酵母菌生长的影响 [14]

在 YPD 培养基中分别以蛋白胨、尿素、酵母膏和硝酸钾作为氮源，测得 600 nm 处的 *OD* 值如图 2 所示。

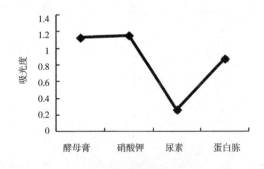

图 2　碳源对酵母菌生长的影响

由图 2 可以看出酿酒酵母 A 在氮源为硫酸铵的培养基中生长得最好，可能是由于硫酸铵可提供合适的酸性环境，更利于酿酒酵母 A 的生长。在尿素中生长最差，故选硫酸铵为最优碳源。

2.1.1.3　无机盐对酵母菌生长的影响 [15]

培养基中分别用硫酸镁、硫酸亚铁、硫酸锌和氯化钙作为无机盐，测得

600 nm 处的 *OD* 值如图 3 所示。

由图 3 可以看出，此菌株在无机盐为硫酸镁的培养基中生长得最好，在硫酸锌中最差，故选择硫酸镁为最优碳源。

2.1.2 培养基正交试验结果

通过单因素试验，选择碳源（1.5%、2.0% 和 2.5% 的葡萄糖）、氮源（1.0%、1.5% 和 2.0% 硫酸铵）

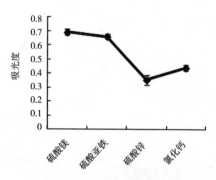

图 3 无机盐对酵母菌生长的影响

和无机盐（0.1%、0.15% 和 0.2% 的硫酸镁）进行正交试验，结果见表 4 和表 5。

由表 4 和表 5 可看出，影响菌群活力的最主要因素为碳源，其次为氮源，

表 4 酿酒酵母 A 发酵试验结果

试验号	A 碳源	B 氮源	C 无机盐	OD_{600}
1	1	1	1	0.028
2	1	2	2	0.017
3	1	3	3	0.059
4	2	1	2	0.121
5	2	2	3	0.032
6	2	3	1	0.049
7	3	1	3	0.129
8	3	2	1	0.163
9	3	3	2	0.138
K1	0.104	0.278	0.24	
K2	0.202	0.212	0.276	
K3	0.43	0.246	0.22	
k_1	0.035	0.093	0.08	
k_2	0.067	0.071	0.092	

续表

试验号	A 碳源	B 氮源	C 无机盐	OD_{600}
k_3	0.143	0.082	0.073	
R	0.108	0.022	0.019	
主次顺序		A > B > C		
优水平	A3	B1	C2	

表 5　酿酒酵母 A 正交试验方差分析

因素	偏差平方和	自由度	均方	F 值	F 临界值
碳源	0.019	2	0.009	3.909	5.409
氮源	0.01	2	0	0.152	5.409
无机盐	0.01	2	0	0.113	5.409
误差	0.05	2	0.002		

最后为无机盐添加量。其中，A3、B1、C2 为最佳的试验组合，即培养基配方为 2.5% 的葡萄糖、1.0% 的硫酸铵、0.15% 的硫酸镁。

2.2　发酵条件的优化

2.2.1　单因素试验结果

2.2.1.1　pH 对酿酒酵母 A 的影响

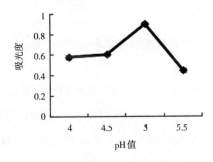

图 4　pH 试验结果对酵母的影响

酵母菌是发酵酒的常用菌种，耐酸耐酒精。[16-17] 由图 4 可以看出，此酵母菌的最适 pH 为 5，随着 pH 的升高生长量下降，所以选择最适 pH 为 5。

2.2.1.2 生长温度对酵母的影响

分别在不同温度下培养，600 nm 下测定 OD 值，试验结果如图 5 所示。由图 5 可以看出，随着温度的升高，生长量增加，在 28 ℃ 时，达到最大值。随后随着温度的升高，生长量开始下降。所以选择 A 最适合生长温度为 28 ℃。

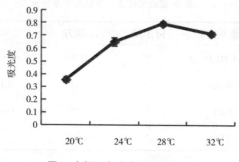

图 5 生长温度对酵母的影响

2.2.1.3 接种量对酵母的影响

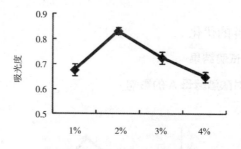

图 6 接种量试验结果对酵母的影响

将酿酒酵母 A 按 1%、2%、3% 和 4% 接种量分别接入 YPD 液体培养基中，在 28 ℃、120 r·min⁻¹ 振荡培养 24 h 后，600 nm 下测吸光度，试验结果见图 6。由图 6 可以看出，酵母 A 最适接种量为 2%，OD 值为 0.849，后随着接种量的增加，菌株生长量减小，OD 值下降。

2.2.1.4 培养时间对酵母的影响

将酵母 A 按 3% 接种量接入 YPD 液体培养基中，在 28 ℃、120 r·min^{-1} 振荡培养 20 h、24 h、28 h 和 32 h 后，600 nm 下测吸光度，试验结果见图 7。从图 7 可以看出，酵母 A 的最适培养时间为 28 h，后随着培养时间的增加，菌株生长量减小，OD 值下降。

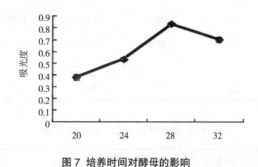

图 7 培养时间对酵母的影响

2.2.2 发酵条件的正交试验试验结果

通过单因素试验，选择温度（24 ℃、28 ℃ 和 32 ℃），接种量（1%、2% 和 3%），发酵时间（24 h、28 h 和 32 h），pH（4.5、5 和 5.5）进行正交试验，根据极差分析，把对实验影响最小的 B 因素接种量设为误差项进行方差分析，结果见表 6、表 7。

表 6 发酵条件正交试验结果

试验号	A 温度	B 接种量	C 发酵时间	D pH	OD_{600}
1	1	1	1	1	0.77
2	1	2	2	2	1.01
3	1	3	3	3	0.9
4	2	1	1	3	1.19
5	2	2	2	1	1.11
6	2	3	1	1	1.19
7	3	1	3	2	1.02
8	3	2	1	3	1.05
9	3	3	2	1	1.10
K1	2.68	2.98	3.01	0.097	

续表

试验号	A 温度	B 接种量	C 发酵时间	D pH	OD_{600}
K_2	3.49	3.17	3.3	3.22	
K_3	3.17	3.19	3.03	3.14	
k_1	0.893	0.993	1.003	0.993	
k_2	1.163	1.057	1.1	1.073	
k_3	1.057	1.063	1.01	1.047	
R	0.27	0.07	0.097	0.08	
主次顺序			A > C > D > B		
优水平	A2	B3	C2	D2	

表 7 发酵条件正交试验方差分析

因素	偏差平方和	自由度	均方	F 值	F 临界值
温度	0.111	2	0.055	11.91	5.409
接种量（误差）	0.090	2	0.005	1.860	5.409
培养时间	0.017	2	0.009	1.054	5.409
pH	0.010	2	0.005	1.054	

由表 6 可看出，影响菌群活力的最主要因素为碳源，其次为氮源，最后为无机盐添加量。其中 A2、B3、C2、D2 为最佳的试验组合，即发酵条件为在 pH 为 5、环境温度为 28℃下，接种 3% 的酵母 A 培养 28 h。

2.3 冷冻保护剂的优化

以脱脂奶粉、甘油和吐温 80 为考核因素，采用"四因素三水平"的 L9（34）正交试验，确定对三种菌株生物量的影响，试验结果见表 8 和表 9。

由表 8 和表 9 可看出，对菌群数影响的最主要因素为甘油，其次为脱脂奶粉，最后为吐温 80。其中，A3、B1、C2 为最佳的试验组合，即保护剂的最佳配方为 20% 的脱脂奶粉、2.0% 的甘油、0.5% 的吐温 80。

表 8　保护剂正交试验结果

试验号	A 碳源	B 氮源	C 无机盐	活菌数（×10^{11}）/（CFU·g^{-1}）
1	1	1	1	7.2
2	1	2	2	3.16
3	1	3	3	3.37
4	2	1	3	3.43
5	2	2	1	2.05
6	2	3	2	3.51
7	3	1	2	4.01
8	3	2	3	4.62
9	3	3	1	5.05
K1	13.73	14.64	14.3	
K2	8.99	9.83	10.68	
K3	13.68	12.33	11.42	
k_1	4.577	4.88	4.767	
k_2	2.997	3.277	3.56	
k_3	4.56	4.11	3.807	
R	1.58	1.603	1.207	
主次顺序		B > A > C		
优水平	A3	B1	C2	

表 9　保护剂正交试验方差分析

因素	偏差平方和	自由度	均方	F 值	F 临界值
脱脂奶粉	4.941	2	2.47	0.834	5.409
甘油	3.877	2	1.938	0.654	5.409
吐温 80	2.438	2	1.219	0.412	5.409
误差	5.923	2	2.962		

3　结论

我们对适合杨梅酒进行微生物发酵的酿酒酵母制成发酵剂进行了较完整的

优化试验。结果表明，发酵菌株 ZHY07 的最优培养基组成为葡萄糖 2.5%、硫酸铵 1%、硫酸镁 0.15%。最适培养的环境条件为温度 28℃、接种量 3.0%、培养时间 24 h、pH 5.0。固态发酵剂制备中的保护剂为 20% 的脱脂奶粉、2% 的甘油、0.5% 的吐温 80，冷冻干燥后菌剂的活菌数能达到 7.2×10^{10} CFU · g^{-1}。试验可为制备杨梅酒发酵剂提供数据支持，且该菌株能使发酵过程更顺畅，杨梅酒的口感等各方面质量更佳[18]，按该法进行操作可最大程度地提高活菌数，具有很好的生产实践指导和应用价值。

随着人们营养意识的提高，需要食品中保留更多的营养成分，低温发酵酒[19]正在成为人们的一个研究方向，人们正在建立将发酵温度控制在 20℃ 以下的发酵工艺。低温的发酵条件更缓和，更利于营养物质的保护，但发酵时间较长，后续将开展低温发酵工艺的优化研究。

参考文献

[1] 陈方永 . 我国杨梅研究现状与发展趋势[J]. 中国南方果树, 2012, 41(5): 31-36.

[2] 侍崇娟, 吕钰凤, 杜晶, 等 . 杨梅酒发酵工艺及其风味变化 [J]. 食品工业科技, 2015, 36 (6): 166-170.

[3] 沈胜楠 . 杨梅树皮、杨梅叶和杨梅果体外抗氧化物质基础研究 [D]. 北京 : 北京协和医学院, 2015.

[4] 黄海智 . 杨梅酚类化合物抗氧化和抗癌功能及机理研究 [D]. 杭州 : 浙江大学, 2015.

[5] 张秀娟, 侯喆, 白雪莹, 等 . 杨梅素作用于人肝癌 HepG-2 细胞凋亡信号转导途径的研究 [J]. 中国药理学通报, 2014, 30 (1): 71-76.

[6] 谢思芸, 钟瑞敏, 肖仔君, 等 . 杨梅果醋体外抗氧化活性的研究 [J]. 食品与机械, 2012, 28 (6): 31-34.

[7] 秦红, 宋庆庆, 华晓燕 . 杨梅果酒对肠道细菌的抑菌效果 [J]. 贵州农业科学, 2012, 40 (10): 157-159.

[8]　耿晓玲,张白曦,徐丽丽,等.杨梅果实提取物抑菌特性的研究 [J].食品科技,2007,32(3):120-122.

[9]　洪翌翎,范丽.国内杨梅酒生产工艺研究进展 [J].农产品加工(月刊),2016(5):65-66.

[10]　孙洁,王希卓,刘鹭,等.酸乳高自溶度复合发酵剂配方优化 [J].农业工程学报,2014,30(8):272-279.

[11]　杜磊,乔发东.乳酸菌冷冻保护剂选择的研究 [J].乳业科学与技术,2010,33(3):119-121.

[12]　刘松玲,蒋菁莉,刘爱萍,等.长双歧杆菌 BBMN68 冷冻保护剂筛选与优化 [J].农业机械学报,2010,41(4):140-144.

[13]　吴祖芳,翁佩芳,楼佳瑜.乳酸菌的高密度培养及发酵剂保藏技术的初步研究 [J].食品与发酵工业,2009,35(10):5-9.

[14]　王宁宁,吴振,江建梅,等.酵母类有机氮源及其在发酵行业的应用 [J].产业与科技论坛,2014,13(02):69-71.

[15]　于占学.营养盐加量对酵母发酵的影响初探 [D].吉林:吉林大学,2012.

[16]　李文辉,李宛妍,李俊毅,等.杨梅酒发酵酸度变化影响因素的研究 [J].酿酒科技,2017(8):55-60.

[17]　池振明,高峻.酵母菌耐酒精机制的研究进展 [J].微生物学通报,1999,26(5):373-376.

[18]　热比古丽·哈力克,杜娟,沙吾提·阿布拉江,等.酒类产品品质的评价与提高 [J].农产品加工,2017(14):34-35.

[19]　劳卓昌.一种低温发酵制作杨梅酒的方法:2013102676936[P].2013-06-28.

第五节
道旁营巢特征调查

核心素养 🌱

文化基础 / 人文底蕴 / 人文情怀

文化基础 / 科学精神 / 勇于探究

社会参与 / 责任担当 / 社会责任

社会参与 / 实践创新 / 问题解决

学习方式 🌱

查阅信息、讨论交流、野外调查

主要问题 🌱

1. 如何获得选题灵感？

2. 如何开展一项鸟类研究课题？

3. 你感觉鸟类野外调查需要做好哪些准备？

4. 请尝试设计一项鸟类研究课题。

5. 你有什么收获和体会？

高速公路防护林内喜鹊和灰喜鹊的巢址选择

>>———————————————————————————————————

【摘要】　2013 年 1 月，实地记录高速公路道旁防护林内喜鹊和灰喜鹊巢址信息，采用 SPSS 17.0 统计分析。结果表明，61.19% 的巢址选择树高 > 10 m 的乔木，极少选择 ≤ 5 m 的小树（$p < 0.01$）。10 m 半径内，47.1% 为单巢型，52.9% 为 2～5 巢，为偏向集群型。58.11% 选择在距离高速公路 5 m $< X \leq$ 10 m 区间内，显著高于 ≤ 5 m 区间和 > 10 m 区间（$p < 0.05$）。89.21% 选择在防护林中间和内侧，极显著高于单排防护和防护林外侧（$p < 0.01$）。水源生境为巢址第一选择，显著高于树林、农田、建筑和荒地（$p < 0.05$）。

【关键词】　高速公路；防护林；喜鹊；灰喜鹊；巢址选择

1 研究背景

早期鸟类学的研究主要集中于鸟类分类、形态和地理分布的描述，而现代鸟类学研究则更偏重于寻求对具体生物学问题的探讨和解答。[1] 巢址选择是鸟类繁殖前的重要环节，能将同类干扰、天敌捕食和不良因子的影响降低到最小水平从而提高繁殖成功率。[2] 巢址选择与巢址特征、功能和选择机制相关。[3-4] 空间利用反映了鸟类生存和繁衍所需关键资源的获得，研究鸟类的空间利用有助于我们对鸟类资源选择和种群限制因子的研究，尤其是了解鸟类对栖息地景观尺度的敏感性，分析周围地域的生态因子在鸟类选择巢址过程中的作用和地位，有助于揭示鸟类选择该处筑巢的原因和主要因素。[5]

喜鹊（*Pica pica sericea*）和灰喜鹊（*Cyanopica cyana*）分别隶属于鸟纲雀形目鸦科鹊属和灰喜鹊属，被列入《世界自然保护联盟》（IUCN）ver 3.1: 2009年鸟类红色名录，是我国著名的益鸟，为平原和低山鸟类，常见于道旁、山麓、住宅旁、公园和风景区的稀疏树林中。[6-7] 国内外学者从不同角度开展了喜鹊和灰喜鹊巢址选择和巢位选择方面的研究[4,8]，国内学者主要涉及郑州大学[6]、北京高校[9]和聊城大学[10]等高校校园与哈尔滨[7]、济南[11]和商丘市区[12]等城市环境，但以高速公路道旁防护林这种特殊生境为研究区域的相关研究工作尚未见报道。

高速公路道旁防护林建设，推动了森林覆盖面积的保持和增加，对于恢复鸟类因为人类活动而改变的栖息地环境也具有重要意义。[1] 我们选取 G1511日兰高速沂南—日照段（约 89 km）和 G2 高速义堂—新泰段（约 111 km）为研究路段，对高速公路道旁防护林内的所有鸟巢进行调查统计，分析影响营巢行为的生态因素，以期为高速公路道旁防护林建设和鸟类繁育提供科学依据。

2 研究计划

2.1 选择调查区域

我们从地理、方位和巢址周围环境等方面考虑，选取临沂四中校园作为试点样本，熟悉调查流程后选择筑巢环境有代表性的东西向的日东高速沂南—日照段和南北向的京沪高速义堂—新泰段为研究区域。

截至 2013 年底，全国高速公路通车里程已达 104 468 km，山东高速公路通车里程为 4 994 km。京沪高速公路是中国大陆第一条全线建成高速公路的国道主干线。京沪高速公路是"八五计划"中"八纵七横"和"两纵两横"三个重要路段的一条，同时也是国家高速规划中的一条纵向主干线。京沪高速公路山东段起于德州市梁庄，止于临沂市红花埠，全长 431.82 km，2000 年 11 月竣工通车，2010 年 6 月更名为 G2 高速。

日东高速公路是山东省"五纵四横一环"公路主框架的重要组成部分，是国道主干线京沪高速公路、京福高速公路和同三高速公路的重要连接线，是新亚欧大陆桥上一条快捷方便的出海大通道。东起日照海滨西至菏泽东明，全长

413.3 km，2000 年 11 月建成通车，2010 年 6 月更名为 G1511 日兰高速。

选取 G1511 日兰高速沂南—日照段和 G2 高速义堂—新泰段为研究路段，主要基于路段本身的代表性，即南北走向和东西走向的代表性以及山地丘陵路段和农田平原路段的代表性。研究区域气候温和，雨量集中，四季分明，属于暖温带季风气候，春秋短暂，冬夏较长。年平均气温 11℃～14℃，年平均降水量一般为 550～950 mm。自然环境多样，食物丰富，为许多鸟类的栖息、繁殖或越冬提供了良好条件，也是许多鸟类迁徙的必经之地，喜鹊和灰喜鹊为常见鸟类。研究路段穿越日照水库和蒙山，两侧防护林树种主要为毛白杨（*Populus tomentosa*）、法国梧桐（*Platanus acerifolia*）、国槐（*Sophora japonica*）、刺槐（*Robinia pseudoacacia*）、垂柳（*Salix babylonica*）和榆树（*Ulmus pumila*），农耕区域农作物主要为小麦（*Triticum aestivum*）、玉米（*Zea mays*）、大豆（*Glycine max*）和花生（*Arachis hypogaea*），山地区域森林植被主要为黑松（*Pinus thunbergii*）、赤松（*Pinus densiflora*）、刺槐、麻栎（*Quercus acutissima*）和栓皮栎（*Quercus variabilis*）[13]。

2.2 调查计划

（1）利用元旦假期完成对两条样方公路的鸟巢野外调查。

（2）考虑到研究经费和交通方式等问题，租车沿高速公路行驶。

（3）通过网络、电视和电台等渠道了解天气、路线等相关信息。

（4）通过乘车观察记录高速公路防护林里所有的鸟巢信息，包括鸟巢距离高速公路的距离、防护林内的距离、营巢密度等，并拍摄大量鸟巢照片留证。

2.3 调查方法

2013 年 1 月，乘车记录高速公路道旁防护林内所有的鸟巢信息，调查选在天气晴朗、少雾、无大风的日子进行，调查时间为 9:00～16:00，使用 8 倍双目望远镜观察和数码相机拍照。[14] 2012 年 12 月，调查团队进行了距离判断训练和高度判断训练，并测试了不同车速下的判断误差，调查前曾沿调查路段模拟测试。调查时间选取在 1 月主要考虑到观测视野清晰，无树叶遮挡，能保证鸟巢观测计数准确无误，但并未进行巢内观察。记录的鸟巢包括所有当年建筑好正使用的巢、往年使用过现在废弃了的巢、往年使用过现在继续重复使用

的巢和建筑好但未曾启用的巢。记录数据包括鸟巢距离高速公路的距离（设置
为≤5 m、5 m＜X≤10 m和＞10 m三组）、鸟巢在防护林内的位置（设置
为防护林外侧、中间和内侧以及单排防护林四组）、营巢密度（设置为巢址
10 m半径内鸟巢数量1个、2～3个和4～5个三组）、巢址周围环境（设置
为树林、湖泊、农田、荒地和建筑五类，其中湖泊泛指河流、沟渠、水库和湖
泊等各种水体，荒地涵盖农业荒地、丘陵荒地和山地荒地，建筑包括农村建筑、
农业建筑和工业建筑）和营巢树树高（设置为≤5 m、5 m＜X≤10 m和＞
10 m三组）。现场鸟巢鉴定主要通过望远镜观察外形，2013年5月初进行了
小范围巢内观测，判断是否为灰喜鹊和喜鹊鸟巢。

2.4 数据分析处理

参考国内学者[12]分类分析方法，将调查因子分为安全因子（营巢树树高）、
竞争因子（营巢密度）和环境因子（鸟巢距离高速公路距离、鸟巢在防护林内
的位置和巢址周围环境）三类，对所有数据进行分类核实后采用SPSS 17.0中
文版进行统计分析。

3 结果与分析

3.1 影响巢址选择的安全因子

喜鹊和灰喜鹊巢址选择中对树高呈现出较为明显的高度依赖特性，61.19%
的巢址集中选择在树高＞10 m的高大乔木上，极少选择≤5 m的小树（$p < 0.01$）
（图1A）。

3.2 影响巢址选择的竞争因子

喜鹊和灰喜鹊营巢密度较低，87.42%的巢址为低密度单巢型和二三巢的
中密度集群型，四五巢的高密度集群型显著偏低（$p < 0.01$）（图1B）。

3.3 影响巢址选择的环境因子

58.11%的喜鹊和灰喜鹊选择在距离高速公路5 m＜X≤10 m区间内营

巢，营巢数显著高于≤ 5 m 区间和 > 10 m 区间这两个区间（ $p < 0.05$ ）（图 1C）。89.21% 的巢址选择在防护林中间和靠近高速公路端的防护林内侧，极显著高于单排防护林和远离高速公路端的防护林外侧（ $p < 0.01$ ）（图 1D）。85.87% 的巢址选择的周边环境为树林和农田，极显著高于建筑、荒地和湖泊（ $p < 0.01$ ）（见图 1E），这与高速公路道旁的防护林大多为"树林—农田"的间断分布格局有直接关系，进一步分析发现，以湖泊（44.45±22.11 个/平方千米）为代表的水源生境为巢址的第一选择，显著高于树林（2.88±0.28

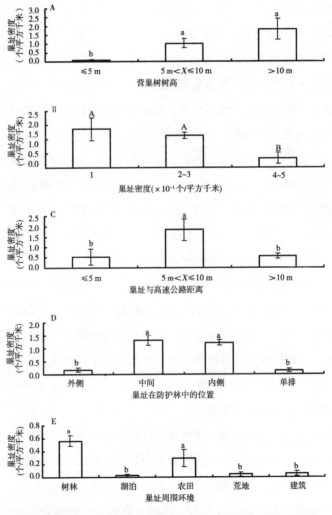

图 1　高速公路防护林内喜鹊和灰喜鹊的巢址选择（平均值 ± 标准误差）

个 / 平方千米）、农田（2.47±1.28 个 / 平方千米）、建筑（3.31±1.86 个 / 平方千米）和荒地（2.54±1.66 个 / 平方千米）四种环境类型（ $p < 0.05$ ）。

同一图中不同大写字母代表差异极显著（ $p < 0.01$ ），不同小写字母代表差异显著（ $p < 0.05$ ）

4 结论与讨论

安全因子是决定鸟类巢址选择的首要因素，食物资源和隐蔽条件是影响栖息地利用的基本因子[15]，巢址选择向食物丰富、干扰轻的区域集中，并受周围环境影响[16]。在树的枝叉上营巢的喜鹊和灰喜鹊，对营巢生境的选择可能取决于巢的稳固性和巢内及巢周围适宜的微环境[17]。本研究发现，喜鹊和灰喜鹊在巢址选择中非常重视营巢树树高[4-5,7,12]这种安全因子，使选择的乔木大多高大挺拔、树枝茂盛，能为产卵、孵卵和育雏起到很好的保护作用，也能在一定程度上避免人的干扰，提高巢的安全性[12]。成片分布的高大乔木备受喜鹊和灰喜鹊青睐，如果能混交些灌木和草本组成"乔灌草"绿地结构足可成为喜鹊和灰喜鹊栖息地选择的最佳组合[18-19]。喜鹊和灰喜鹊既不适宜在特别密的林中营巢，这样的环境不能为鹊巢提供良好的光照和温湿条件；也不适宜在空旷的开阔地中的树木上营巢，特别是在风沙大的陋区，这样的环境条件将容易导致鹊巢的解体，不利于巢内环境的保持[17]。

10 m 半径内，47.1% 的喜鹊和灰喜鹊营巢为单巢型，2 ～ 5 巢的比例为52.9%，基本呈现为偏向集群型，这与已报道的郑州大学[6]和北京高校[9]（多巢比例为 71.1%）这两种高校校园环境中呈现出的明显集群型分布有所差别，显示出高速公路防护林这种特殊生境，基本满足了喜鹊和灰喜鹊对食物资源分享和安全协作的需要。表明喜鹊和灰喜鹊这类对人为干扰表现出极强适应能力的鸟类倾向于较弱的种间竞争。[20]

防护林内的中间位置和距离高速公路的中等距离为喜鹊和灰喜鹊的巢址首选。但在更靠近高速公路的防护林内侧和更靠近农田的防护林外侧的竞争选择中，喜鹊和灰喜鹊似乎更亲睐前者，差异极显著（ $p < 0.01$ ）。

高速公路道旁防护林大多为"树林—农田"的间断分布格局，相对安全的树林和食物丰富的农田对喜鹊和灰喜鹊的生存繁衍助益颇多。以湖泊为代表的水源生境为巢址第一选择，显著高于树林、农田、建筑和荒地四种环境类型（ $p < 0.05$ ），凡有湖泊处皆可见鸟巢，显示出喜鹊和灰喜鹊对水源和湿地需求的高度依赖性。[21-22] 其生存并非直接受水源影响，但良好的生境与丰富的食物，可以满足成鸟在繁殖期的需求，从而为其繁殖成功提供保障。[23]

　　本研究尚未就防护林的实地情况，如声环境、水源面积、水质状况和大气环境质量等环境信息进行调查，尚无法排除由于声环境等环境质量产生的巢址选择干扰。希望能在以后的研究中补充大范围鸟巢巢内观测和现场环境信息的精确测量，也希望能看到国内外学者开展该领域研究。

5 建议与对策

　　（1）高速公路防护林建设要合理利用道旁区域自然环境，宜林则林，宜田则田，宜水则水，宜坑则坑，增加喜鹊和灰喜鹊营巢背景环境的多样化格局。

　　（2）在高速公路内侧和防护林中心多种植高大乔木，如杨树、榆树、法桐，并尽量保持树林的自然生长状态，为喜鹊和灰喜鹊提供更多的营巢地。

　　（3）市民应多了解喜鹊灰喜鹊和营巢的特点并保护它们，爱护生态环境。

参考文献

[1]　王勇，张正旺，郑光美，等.鸟类学研究：过去 20 年的回顾和对中国未来发展的建议 [J].生物多样性，2012, 20（2）：119-137.

[2]　Lack D. The number of bird species on island[J]. Bird Study, 1969, 16: 193-209.

[3]　Krebs J R. Territory and breeding density in the Great Tit, Parus Major L.[J]. Ecology, 1971, 52: 2-22.

[4]　汝少国，刘云，侯文礼，等.灰喜鹊的繁殖生态和巢位选择 Ⅱ.巢位选择 [J].生态学杂志，1998, 17（5）：11-13.

[5] 丁长青, 郑光美. 黄腹角雉的巢址选择 [J]. 动物学报, 1997, 43（1）: 27-33.

[6] 田军东, 董瑞静, 路纪琪. 郑州大学新校区喜鹊巢址选择研究 [J]. 河南师范大学学报（自然科学版）, 2009, 37（5）: 116-118.

[7] 吴建平, 于超, 张天才. 哈尔滨市区灰喜鹊巢址选择研究 [J]. 四川动物, 2012, 31（5）: 775-777.

[8] Munoz-Pulidot R, Bautista L M, Alonso J C, et al. Breeding success of azure-winged magpies Cyanopica cyana in Central Spain[J]. Bird Study, 1990, 37: 111-114.

[9] 陈侠斌, 何静, 张薇. 北京高校喜鹊巢址选择的主要生态因素 [J]. 四川动物, 2006, 25（4）: 855-857.

[10] 李守杰, 刘宁, 王桂英. 聊城大学校园灰喜鹊营巢特征调查 [J]. 野生动物, 2008, 29（2）: 84-86.

[11 吕艳, 张月侠, 赛道建, 等. 喜鹊巢位选择对城市环境的适应 [J]. 四川动物, 2008, 27 （5）: 892-893.

[12] 闫永峰, 杨小东, 侯颖. 商丘市区喜鹊巢址选择研究 [J]. 商丘师范学院学报, 2011, 27（3）: 79-84.

[13] 高远, 朱孔山, 郝加琛, 等. 山东蒙山 6 种造林树种 40 余年成林效果评价 [J]. 植物生态学报, 2013, 37（8）: 28-738.

[14] 李鹏, 张竞成, 李必成, 等. 城市化对杭州市鸟类营巢集团的影响 [J]. 动物学研究, 2009, 30（3）: 295-302.

[15] Root R B. The niche exploitation pattern of the blue-gray gnatcatcher[J]. Ecological Monographs, 1967, 37: 317-350.

[16] Browne S J, Aebischer N J. Temporal changes in the ecology of Europeam Turtle Doves Streptopelia turtur in Britain, and implications for consevation[J]. Ibis, 2004, 146（1）: 125-137.

[17] 陈化鹏, 杜永欣, 高中信, 等. 喜鹊营巢生境的分析 [J]. 野生动物, 1993, 7（5）: 20-23.

[18] 王英, 孟伟庆, 陈小奎, 等. 城市绿地中喜鹊巢位选择的影响因子分

析 [J]. 农业科技与信息（现代园林），2008, 5（2）: 1-5.

[19]　牛新利, 张莉, 樊魏, 等 . 黄河中下游典型地区农林复合生态系统喜鹊巢址选择的生态因素分析 [J]. 河南大学学报（自然科学版），2012, 42（1）: 69-73.

[20]　曹长雷 . 重庆市涪陵区春季城市园林鸟类及其群落结构研究 [J]. 生态科学, 2013, 32（1）: 68-72.

[21]　罗子君, 周立, 顾长 . 阜阳市重要湿地夏季鸟类多样性研究 [J]. 生态科学, 2012, 31（5）: 530-537.

[22]　李久恩, 杨月伟 . 微山湖喜鹊和池鹭巢址选择的研究 [J]. 山东林业科技, 2012, 42（2）: 64-66.

[23]　梅宇, 马鸣, 胡宝文, 等 . 新疆北部白冠攀雀的巢与巢址选择 [J]. 动物学研究, 2009, 30（5）: 565-570.

附 录

青少年科学作品展示

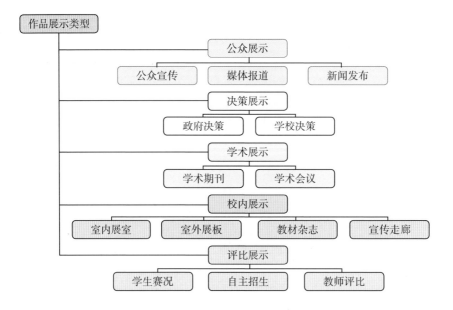

1 "岱崮地貌创新研究"新闻发布会举行

2009年3月28日，由临沂四中主办、临沂市科学探究实验室协办的"岱崮地貌创新研究"新闻发布会，在临沂四中校区1号学术厅举行（图1）。临沂市科协高文献副主席、临沂科技馆颜景浩副馆长、高远创新团队"岱崮地貌创新研究"研究小组成员、临沂四中李长青校长等四中教干教师及《光明日报》《大众日报》《曲阜师大报》、搜狐网记者站等新闻媒体的记者出席了发布会。高远创新团队"岱崮地貌创新研究"研究小组成员的三位学生介绍了此次科研的经过和成果。

图1 "岱崮，地貌创新研究"新闻发布会

2 "塔山植被创新研究新闻发布会"举行

2010年3月28日上午,由临沂四中主办、临沂市科学探究实验室协办的"塔山植被创新研究"新闻发布会在学术报告厅举行(图2)。参加会议的有临沂市科协石绍俊副主席、临沂市科技馆宋颖馆长、临沂四中李长青校长、周焕军副校长和众多媒体朋友。

"1959～2059年山东塔山植被重建变化分析及预测"课题由高远创新团队完成。团队利用课余时间,选取了2009年春、夏、秋三个季节,采用系统勘踏法和典型取样法,对塔山植被进行了深入调查和研究。指出了《中国植被图》的标误,建议沂蒙山区荒山绿化应以乡土植物为首选,对塔山乃至整个沂蒙山区的森林植被改造与规划提供了重要参考,具有较高的学术和实践创新价值。这一科研项目创造了国内山地植被重建定点研究的最大时间尺度,根据团队预测,至2059年,塔山由针叶林向阔叶林演替趋势明朗。

来自《光明日报》《中国教育报》《大众日报》《山东卫视》、临沂电视台、搜狐网、新浪网等诸多媒体记者对高远创新团队进行了深入采访。

图2 "塔山植被创新研究"新闻发布会

3 高远创新团队参加临沂市水环境政府决策调研座谈

2009 年 7 月 2 日下午 3 点至 5 点半，临沂市水环境政府决策调研座谈在天元商务大厦 17 楼召开，本次会议由临沂市科协组织，临沂市环保、渔业、水利、畜牧等有关部门领导、专家齐聚一堂，共同为临沂市沂河流域水环境监测预警治理等问题献计献策。临沂市渔业局副局长、水产学会会长杨永林，临沂市环境监测站总工程师、研究员王慧勇，临沂市环保局总量办主任李立新，临沂市水利设计院副院长、研究员朱逢春等，以及山东省环保厅综合协调组有关部门领导专家出席了会议，会议由临沂市政协副主席、市科协主席赵爱华和临沂市科协副主席高文献主持。高远创新团队应邀参加了本次会议。

高远创新团队先后启动了"沂河流域浮游植物多样性研究""沂河水质评价研究"和"沂河浮游植物与环境因子相关性研究"等科学研究课题，发表研究论文多篇，取得了很好的学术价值和社会影响。2009 年 6 月 23 日，沂河城区段爆发局部小规模蓝藻水华，该团队及时启动了"蓝藻水华应急研究"，取得了第一手真实数据。并针对爆发情况，提出了抑制微囊藻属蓝藻水华爆发的生物措施。

4 高远创新团队参加第 13 届世界湖泊大会

2009 年 11 月 1 ～ 5 日，受环保部部长周生贤邀请，高远创新团队高远老师和张建东、庄百娟、袁瑛师生 4 人携研究成果 "The water quality of the Nansihu Lake wwill be changed by the Beijing-Hangzhou canal？"，赴武汉参加第 13 届世界湖泊大会（图 3），并受邀做大会发言和展板交流，与来自美国、加拿大、澳大利亚、阿根廷、印度、肯尼亚等多国的科学家进行了学术交流，高远创新团队成为本次国际会议上最年轻的科学研究团队。

高远创新团队从 2008 年开始对南四湖展开了历时 1 年的研究调查，通过 6 次取样和实验室分析，旨在科学评估京杭运河改道对南四湖水体影响。

世界湖泊大会由国际湖泊环境委员会发起，自 1984 年首次举办以来，已经在日本、美国、意大利、阿根廷、丹麦、印度等国家成功举办了 12 届，是湖泊环保领域最具影响的国际会议之一，在推动全球湖泊环境保护合作与交流方面发挥了重要作用，产生了广泛影响。本次大会的主题是"让湖泊休养生息，全球挑战与中国创新"。来自联合国环境规划署、世界银行、全球自然基金等多个国际组织，中国、日本、美国、俄罗斯、德国、瑞士、墨西哥等 45 个国家的专家学者及政府代表参加大会。全国人民代表大会常务委员会副委员长陈至立、全国政协副主席阿不来提·阿不都热西提、环保部部长周生贤、水利部部长陈雷出席了大会开幕式。

图 3　团队参加第 13 届世界湖泊大会

5 高远创新团队参加"环境科学与可持续发展国际会议"并做学术发言

2011 年 11 月 27 ～ 30 日，高远创新团队的丰清元同学作为唯一受邀的中学生代表和高远老师赴宜兴参加了"环境科学与可持续发展国际会议"（图 4），并用英语做了题为 "Vegetation and species diversity change analysis in 50 years in Tashan Mountain, Shandong Rrovince, China" 的学术发言，受到了国内外专家学者的一致好评。

本次"环境科学与可持续发展国际会议"由国际环境问题科学委员会（SCOPE）与联合国教科文组织（UNESCO）联合主办，旨在联合全球环境领域的优秀专家及学者，探讨环境领域的前沿问题，搭建科学家和决策者学术交流平台，鼓励青年科学家积极投身环保事业，共同研究环境问题的可持续发展策略。

图 4　团队参加"环境科学与可持续发展国际会议"

6 高远创新团队参加 SCOPE–ZHONGYU 环境论坛和第 15 届国际河流与湖泊环境会议并做学术发言

2012 年 10 月 12 日～14 日和 16 日～18 日，高远创新团队施晓颖同学和高远老师先后参加了在山西太原召开的 SCOPE-ZHONGYU 环境论坛和在湖南张家界召开的第 15 届国际河流与湖泊环境会议（图 5），并由施晓颖分别做了 30 min 和 15 min 的学术发言，成为闪亮全球的中学生"小科学家"。

SCOPE-ZHONGYU 环境论坛由国际环境问题科学委员会（SCOPE）与联合国教科文组织（UNESCO）联合主办，来自全球的 150 余名代表出席了此次论坛，论坛以环境发展观测工具、新型污染物的生态风险模拟为主要议题，在环境问题日益引起关注的今天，此次会议联合了全球环境领域的优秀专家及学者，探讨环境领域的前沿问题，搭建科学家和决策者学术交流平台，鼓励青年科学家积极投身环保事业，共同研究环境问题的可持续发展策略。

图 5　团队参加 SCOPE–ZHONGYU 环境论坛和第 15 届国际河流与湖泊环境会议

国际河流与湖泊环境会议为东亚地区最重要的淡水生态学论坛，自 1984 年起每两三年举办一届，影响力覆盖整个亚洲乃至全世界。本届会议由国际湖沼学会和中国科学院水生生物研究所等主办，主题是"转化湖沼学"，主要集中探讨如何有效应对水生态系统面临的诸多危机，进一步加强我国水生生物学界与国际同行的学术交流，并促进湖沼学知识在我国内陆水体管理中的转化运用。

7 高远创新团队参加国际清洁水、空气和土壤会议并做学术报告

2015年8月28～30日，高远创新团队孟凡旭和戴维两位同学受邀赴马来西亚吉隆坡参加国际清洁水、空气和土壤会议（Clean WAS）（图6）做学术报告，受到了国外专家学者的一致好评，并被破格吸收为全球首例高中生会员。

本次国际会议由国际清洁水、空气和土壤协会（INWASCON）主办，旨在联合全球环境领域的优秀专家及学者，探讨环境领域的前沿问题，搭建科学家和决策者学术交流平台，鼓励青年科学家积极投身环保事业，共同研究环境问题的可持续发展策略，有来自哈佛大学、伦敦大学、罗马大学、新加坡国立大学、南洋理工大学等国外知名高校和研究机构的60余位专家学者参加了本次会议。

图6　团队参加国际清洁水、空气和土壤会议

　　孟凡旭和戴维两位同学是高远创新团队的优秀代表。孟凡旭研究发现了 1 种具有自主知识产权的 Cr 超富集植物金银花，其叶片平均 Cr 含量达 1 297.14 mg·kg^{-1}，平均 Cr 富集系数为 5.19，平均 Cr 转运系数为 1.79，为全球第 5 种、中国第 2 种 Cr 超富集植物，为全球首例木本 Cr 超富集植物。揭示草酸可能是铬超富集植物共同的耐受性来源，发现花青素和胡萝卜素分泌会增大 Cr 耐受性，可能也是铬超富集植物的耐受性来源。孟凡旭提出，金银花具有更强的生存适应能力，尤其适合作为各种干旱半干旱或贫瘠半贫瘠乃至各种高热高寒等极端铬污染土壤的植物修复工具种，具有很强大推广应用前景。戴维研究发现云蒙湖水温、pH、TP、TN 和 Chl a 全年调查均值分别为 15.9℃、7.12、0.07 mg·L^{-1}、1.58 mg·L^{-1} 和 30.60 μg·L^{-1}，水质为Ⅳ类或中富营养型。水体 Chl a 与 TN 和 pH 呈现极显著正相关，与水温相关性较低，lg（$Y_{Chl\ a}$）与 lg（X_{TP}）呈现极显著正相关，N/P 为 22，为 P 限制性。戴维提出，云蒙湖库滨带浅水区域应采取退耕还湿措施，逐步增加库滨带芦苇、菖蒲等水生植物覆盖面积，恢复其原生湿地生态；科学放流鲢鱼、鳙鱼等净水鱼类，控制藻类植物生长，提高水体自净能力；库滨带高地区域应采取退耕还林措施，逐步提高环库森林覆盖率。这样才能有效减少云蒙湖湖滨地带的面源污染，提升湖滨地区对氮磷的拦截和净化能力。

8 高远创新团队参加第 12 届国际生态学大会

　　8 月 21 日～24 日，高远创新团队高远老师、林业翔同学和张沥元同学参加了在北京举行的第 12 届国际生态学大会（图 7），本届大会以"变化环境中的生态学与生态文明"为主题。这是近年来继高远创新团队孟凡旭、戴维、丰清元、施晓颖等同学连续获邀参加综合性主流国际会议做学术发言后，首次在一级学科国际顶级会议获邀参加 poster presentations 环节的学术交流，标志着高远创新团队研究成果首次跻身一级学科国际顶级会议舞台。

　　首届国际生态学大会于 1967 年举行，每 4 年举办一届，是全球生态学领域水平最高、影响力最大的顶级学术会议。英国王储查尔斯王子向大会发来视频贺信。来自中国、美国、英国、德国、法国等 73 个国家和地区的专家学者约 2 400 人参加会议。清华大学和北京大学分别组织了 23 人和 30 人科研人员参加本届生态学盛会。

　　高远创新团队徐涵池课题组、林业翔课题组和张沥元课题组研究成果经过严格评审，获邀参加了 poster presentations 环节的学术交流。徐涵池课题组的

图 7　团队参加第 12 届国际生态学大会

图 8　团队所在的实验室

研究成果受到了清华大学环境学院博士生导师刘雪华副教授的关注和积极评价，并由其亲自审核推荐参会。来自哈佛大学、普林斯顿大学、斯坦福大学、杜克大学等国际名校的生态学专家学者关注了林业翔和张沥元的研究成果，并对国际部 2018 届毕业生林业祥同学和张沥元同学冲击美国名校提出了真诚的建议和意见。

近年来，高远创新团队在学校和社会大力支持和精心组织下，有 11 名同学参加国际会议并做学术发言，20 篇研究成果发表在国内外核心学术期刊。尤其是最近 1 年，魏俊久、戴维和钱长照 3 名同学在 *Journal of Environmental Protection and Ecology*、*Journal of Environmental Biology*、*Basic & Clinical Pharmacology & Toxicology* 等国际 SCI 学术期刊以第一作者身份发表研究论文，刘纯淼等 5 名同学在《环境与可持续发展》《中国农业信息》等国内学术期刊以第一作者身份发表研究论文，研究成果的关注度和影响力有了大幅度提升，稍显稚嫩的他们向国内外学术界发出了永恒的青春呐喊，并成功站上了属于科技工作者的学术舞台。

9 第 30 届山东省青少年科技创新大赛高远创新团队 29 人次喜获一等奖

2015 年 4 月 16 日，第 30 届山东省青少年科技创新大赛成绩全部揭晓，经过素质测评、专家问辩和公开展示三个环节的严格评审，高远创新团队参赛选手林千惠个人项目"6 种植被类型下的土壤肥力恢复特征研究"、张魁元个人项目"山东引种火炬松和日本落叶松适生性研究"、孟凡旭个人项目"1 种新 Cr 超富集植物的发现及其抗性机理研究"获高中组学生创新项目类一等奖；孟逸东等科研团队"您身边的果蔬亚硝酸盐超标吗"、李卓等实践小组"保留老屋传承乡村记忆调查实践活动"和张振男等科研团队"临沂水源地云蒙湖供水安全调查研究"获青少年科技实践活动类一等奖；凌峥和林千惠集体项目"雨味捕捉、分析和再造技术"、王玺凯和韩乐群集体项目"3D 打印技术打印人体器官"和孟逸东和代波集体项目"野外植物种类快速鉴别技术"获青少年科技创意项目类一等奖。高远老师"中国科协'中学生英才计划'地方配套活动课程"获辅导员创新项目类一等奖。孟凡旭和张魁元同学晋级全国决赛评选。

10 高远创新团队孟凡旭同学喜获第 30 届全国青少年科技创新大赛二等奖并获香港理工大学启迪思维成就未来科技奖、张魁元同学获三等奖

2015 年 8 月 19 ～ 24 日，第 30 届全国青少年科技创新大赛决赛在香港亚洲国际博览馆举行，高远创新团队孟凡旭同学以创新研究成果《1 种新发现的 Cr 超富集植物金银花及其抗性机理研究》喜获二等奖（图 9），并获香港理工大学启迪思维成就未来科技奖和 4 000 港币奖金。

本届比赛由中国科协和香港特区政府共同主办，来自全国 31 个省、自治区、直辖市、新疆生产建设兵团和香港特别行政区、澳门特别行政区的 34 个代表队 300 余人，以及来自瑞典、德国、韩国、日本、巴西等 12 个国家的 57 名青少年代表参加了本次比赛。

在大赛开幕式上，中国香港特别行政区行政长官梁振英，中国科协党组书记、常务副主席、书记处第一书记尚勇，分别代表主办单位出席开幕式并致辞。在大赛闭幕式上，全国政协副主席、中国科协主席韩启德，教育部副部长郝平

图 9　团队成员获奖

出席闭幕式并为获奖选手颁奖。

经由来自内地以及香港特别行政区及英国、美国等重点高校和科研机构的 68 位科技专家组成的终评评审委员会对参赛作品的材料审阅、现场问辩和综合素质测评，本届大赛最终评出青少年创新项目高中组一等奖 45 项、二等奖 91 项、三等奖 121 项。

11 高远创新团队孟凡旭同学喜获第 15 届"明天小小科学家" 奖励活动三等奖

2015 年 10 月 22 ～ 26 日，由中国科协、中国科学院、中国工程院、国家自然科学基金委员会和中国香港周凯旋基金会共同主办的第 15 届"明天小小科学家"奖励活动在北京举行。高远创新团队孟凡旭同学历经院士专家团组织的研究项目问辩、知识水平测试和综合素质考察等多种方式的测评，喜获"明天小小科学家"奖励活动三等奖，并获 5 000 元奖金。

活动期间，选手们与诺贝尔奖科学家和著名院士科学家面对面交流，参观中科院奥运科技园区和科技创新企业、参观北大、清华国家重点实验室，开拓视野，激发兴趣。活动还举办了"科学探究实验""青年科学沙龙"和"明天小小科学家"同学会等丰富的互动交流活动，让爱好科学的优秀青少年相互结识，深入交流科学研究探索的体会。

12 第 31 届山东省青少年科技创新大赛高远创新团队 29 人次获一等奖

2016 年 4 月 20 日，第 31 届山东省青少年科技创新大赛成绩全部揭晓，经过材料审阅、专家问辩和公开展示 3 个环节的严格评审，高远创新团队参赛选手徐知非项目"基于霍尔定位系统的高精度动态稳定型并联机构智能机器人"、江世玉项目"凋落物与根系对人工林土壤碳氮影响研究"、王文韬和胡心玥项目"多功能智能定位通话导盲仪"获高中组创新成果类一等奖；律成林等科研团队"祊河湖心岛对水体影响的距离效应调查研究"和范敬宜等科研团队"农村汪塘沟渠失联原因调查研究"获青少年科技实践活动类一等奖；全晓文项目"基于 ITS 序列构建鹅耳枥属基因数据库"、张祥云和宋典项目"3 种典型壳斗科植物的化感作用集成系统"、李紫云和张雷项目"基于稳定同位素的天麻产地溯源技术"、聂云浩和姚朝阳项目"基于天网系统的人脸识别与视频检索系统"获青少年科技创意类一等奖。徐知非同学晋级全国决赛评选，管家慧项目"相邻黑松的亲缘识别与生理策略研究"被大赛组委会和中国科协特别遴选以中国区亚军的身份参加 6 月份在美国举办的全球环境问题奥林匹克竞赛（中国区仅两个参赛名额）。

高远创新团队近年来一直强化多元开放意识，全力打造特色教育品牌，不断加大对科技创新人才资源的开发、培养和教育，通过科技创新教育拓宽学生成才渠道。

13 高远创新团队徐知非同学荣获第 31 届全国青少年科技创新大赛二等奖并获周培源青少年科技创新奖和中鸣科学奖两项专项奖

2016 年 8 月 14～18 日，第 31 届全国青少年科技创新大赛决赛在上海举行，高远创新团队徐知非同学以创新研究成果"基于霍尔定位系统的高精度动态稳定型并联机构新型机器人"喜获二等奖，并获周培源青少年科技创新奖和中鸣科学奖两项专项奖（图 10）。

徐知非针对传统磁导航定位机器人相邻磁钉无法精确定位和抓取过程中不稳定的问题，提出了伸缩式磁导航霍尔定位系统和并联臂抓取机构的机器人设计方案：由"十"字分布的霍尔探头、伸缩杆、步进电机构成的伸缩式定位系统，基于 arduino 实现定位算法，达到相邻磁钉定位点任意位置的精确定位，实现 90°角及其倍数角度的精确转向。并采用配重均布型的并联机构抓取装置，确保机构重心通过支撑面几何中心，实现抓取装置动态运动中的高稳定性，定位精度达到 ±3 mm，转向误差 < 2°，证明了伸缩式磁导航系统定位的精度明显高于不带定位感应的运动方式，无需提高磁钉密度即可实现精确定位和转向且并联臂抓取机构运行快速稳定。本机器人适用于磁钉呈网状分布的车间和仓库，特别适用于经常更换工位分布的流动性生产线以及货物大小不一、堆放位

图 10　团队参加第 31 届全国青少年科技创新大赛

置随机性大的物流仓库。具有磁钉密度低、施工成本低、定位精度和可靠性高、一次铺设永久使用的优点。

　　本届大赛由中国科协、教育部、科技部、环境保护部、国家体育总局、自然科学基金委、共青团中央、全国妇联和上海市人民政府共同主办。来自全国 31 个省、自治区、直辖市，新疆生产建设兵团和香港特别行政区、澳门特别行政区的 34 支代表队的 500 名参赛青少年，以及来自美国、德国、法国、日本、俄罗斯等 15 个国家的 70 名代表参加了本次比赛。中共中央政治局委员、国家副主席李源潮等参观竞赛项目并出席闭幕式。

　　截至 2017 年，高远创新团队中先后有 1 人获全球环境奥林匹克竞赛中国区亚军、2 人获全国青少年科技创新大赛二等奖 1 人获三等奖、1 人获明天小小科学家奖励活动三等奖、28 人获全国中学生水科技发明比赛三等奖 3 人获优秀奖、3 人获全国中学生创意设计竞赛三等奖、70 人获山东省青少年科技创新大赛一等奖、88 人获二等奖 28 人获三等奖。

图书在版编目（ＣＩＰ）数据

蒙山沂水的生态环境与生态文明 / 高远, 颜景浩,
孟庆远著. — 青岛 : 中国海洋大学出版社, 2018.5
ISBN 978-7-5670-1801-3

Ⅰ.①蒙… Ⅱ.①高… ②颜… ③孟… Ⅲ.①生态环
境建设—临沂 Ⅳ.①X321.252.3

中国版本图书馆CIP数据核字(2018)第107763号

出 版 发 行	中国海洋大学出版社		
社　　　址	青岛市香港东路23号	邮政编码	266071
出 版 人	杨立敏		
网　　　址	http://www.ouc-press.com		
电 子 信 箱	465407097@qq.com		
订 购 电 话	0532-82032573（传真）		
责 任 编 辑	董　超		
装 帧 设 计	祝玉华		
照　　　排	光合时代		
电　　　话	0532-85902342		
印　　　制	青岛国彩印刷有限公司		
版　　　次	2018年7月第1版		
印　　　次	2018年7月第1次印刷		
成 品 尺 寸	170 mm × 240 mm		
印　　　张	18.75		
印　　　数	1~2400		
字　　　数	295千		
定　　　价	100.00元		

如发现印装质量问题，请致电0532-88194567，由印刷厂负责调换。